中国海水养殖产品食品安全保障体系研究

董啸天　著

中国海洋大学出版社
·青岛·

图书在版编目(CIP)数据

中国海水养殖产品食品安全保障体系研究 / 董啸天
著. —青岛：中国海洋大学出版社，2014.5
ISBN 978-7-5670-0608-9

Ⅰ. ①中⋯ Ⅱ. ①董⋯ Ⅲ. ①海水养殖－水产品－食
品安全－保障体系－研究－中国 Ⅳ. ①TS254.7

中国版本图书馆 CIP 数据核字(2014)第 088793 号

出版发行	中国海洋大学出版社		
社　　址	青岛市香港东路 23 号	**邮政编码**	266071
出 版 人	杨立敏		
网　　址	http://www.ouc-press.com		
电子信箱	couplgz@126.com		
订购电话	0532－82032573(传真)		
责任编辑	于德荣	**电　　话**	0532－85902505
印　　制	日照日报印务中心		
版　　次	2014 年 7 月第 1 版		
印　　次	2014 年 7 月第 1 次印刷		
成品尺寸	160 mm×218 mm		
印　　张	15.25		
字　　数	206 千		
定　　价	29.80 元		

序

20世纪80年代中期以来,我国海洋渔业经济在组织体制改革、结构调整的过程中获得了迅速发展,其中,海水养殖业的发展更为迅猛,海水养殖的面积、养殖的方式、养殖的品种在不断扩大。海水养殖业的发展,在不断满足城乡居民日益增长的多样化的物质生活需要的同时,也显露出一些值得关注和急需解决的问题。除了海水养殖导致的海洋环境问题之外,一个十分重要的问题是,不恰当的养殖饲料的使用、养殖病害及其医治等所造成的养殖食品安全问题。食品安全是当今社会普遍关注的热点问题,海水养殖产品的食品安全问题理所当然地也受到了人们的密切关注。海水养殖产品的食品安全问题,贯穿于海水养殖产业链的全过程。因此,保障海水养殖产品的食品安全,不是简单地对养殖产品进行质量检测,而是要建立起贯穿于海水养殖产业链全过程的食品质量、食品安全的控制和保障体系。

董啸天博士的《中国海水养殖产品食品安全保障体系研究》一书,是在其博士论文的基础上进一步研究、进一步完善的结晶。该书以海水养殖产品为研究对象,基于食品安全理论、水产品相关理论、质量管理理论以及农产品品牌理论,在分析我国海水养殖产品食品安全现状的基础上,通过总结发达国家水产品食品安全的管理经验,研究并提出了海水养殖产品食品安全保障体系的理论框架,包括养殖阶段的产品安全保障、加工阶段的产品安全保障、市场阶段的产品安全保障等。从水产品养殖、水产品加工、水产品市场营销的完整产业链条出发,去研究海水养殖产品的食品安全控制问题,并由此构建起综合的、完整的海水养殖产品食品安全保障

1

体系,对于从根本上解决海水养殖产品的食品安全问题具有重要价值。该书对于海水养殖产品食品安全问题的研究,视角新颖、体系完整、研究深入,体现了理论研究与实践探索的有机结合。这一研究与探索,能够为我国海水养殖业的健康持续发展提供有益的指导和帮助。

随着海洋渔业经济的加速发展,以及海洋渔业资源、海洋生态环境的不断变化,海水养殖产品的食品质量与食品安全问题将会越来越复杂,新情况、新问题会不断出现,因此,该书的研究成果只能是初步的探索,关于海水养殖产品食品安全问题的理论研究还有待于深入,关于海水养殖产品食品安全保障体系的构建还有待于完善,关于海水养殖产品食品安全出现的新情况、新问题还有待于进一步研究和解决。

希望作者进一步加强理论学习和理论研究,深入并不断总结迅速发展的海洋渔业经济实践,通过理论研究去解决现实实践的问题,通过现实实践的经验总结获得理论的升华,从而使自己的理论思考和理论研究与海洋渔业经济发展的现实实践一同俱进。

2014 年 6 月 20 日

摘　要

我国是世界公认的水产品生产、消费和出口大国,进入 21 世纪后海水养殖业展现出了良好的发展势头,2012 年我国海水养殖经济总产值达到了 2264.54 亿元,海水养殖总产量达到了 1643.81 万吨。当前全球粮食安全形势严峻,提供数量充足、质量安全的海水养殖产品成为海水养殖业可持续发展的重要目标,如何真实、客观地描述海水养殖产品食品安全状况与管理成效? 建立全面、完善和有效的海水养殖产品食品安全保障体系便是一条保障食品安全的康庄大道。

本研究主要运用管理学的分析方法,以食品安全理论、水产品相关理论、质量管理模型理论以及农产品品牌理论作为理论基础,以发达国家水产品安全管理经验作为参考,结合博弈分析模型,将海水养殖产品的供应链分为养殖、加工和市场三个阶段,对每个阶段海水养殖产品可能存在的食品安全风险进行有针对性的制度研究,并通过建立海水养殖产品食品安全综合保障体系以及两项重点环节,辅以统计数据分析和案例分析,最终形成了完整意义上的海水养殖产品食品安全保障体系理论框架。

本书分为 10 章,其中第一章是绪论,第二章是相关理论综述,第三章是发达国家水产品安全管理经验研究,第四章是我国海水养殖产品食品安全概况描述,第五章是对政府和企业的博弈模型进行分析,认为制度保障在推进海水养殖产品食品安全管理中具有重要影响,第六章为养殖阶段海水养殖产品食品安全保障体系,第七章为加工阶段海水养殖产品食品安全保障体系,第八章为市场阶段海水养殖产品食品安全保障体系,第九章为海水养殖产品食品安全综合保障体系,第十章重点环节建设是本书的核心章节。

第六、七、八和九章属于本书主体结构章节。养殖阶段海水养殖产品食品安全保障体系属于海水养殖产品供应链的上游环节,也是生鲜海产品和海产品加工原料的生产环节,饲料、渔药、水质和苗种是影响海水养殖产品质量的四个关键因素,第六章就以这四项制度为基础,然后辅以海水健康养殖模式、海水养殖疾病防治和检测、海水养殖业灾害保障以及产地监督抽查抽样等四项制度。加工阶段海水养殖产品食品安全保障体系属于加工海产品的生产环节,对于加工海产品的质量安全具有重要影响,第七章就以GMP、SSOP和食品质量安全市场准入制度为开篇,然后将水产品加工原料、加工环境、加工人员因素以及食品添加剂等内容也纳入研究范畴。市场阶段海水养殖产品食品安全保障体系涵盖的主要环节是运输、储藏、批发与零售等,所以该阶段是海水养殖产品进入市场的把关环节,包括水产品可追溯、水产品流通安全管理、水产品质量安全检验检测以及水产品召回等内容。海水养殖产品食品安全综合保障体系涵盖的内容并不独立存在于养殖、加工和市场任何一个单独的阶段,而是自始至终都可以发挥保障海水养殖产品食品安全的功能,因此第九章是四章主体框架中体系最为繁琐、结构最为复杂的,包括水产品质量安全认证、食品安全法律法规体系、社会主义道德体系建设、水产品品牌建设、水产品食品安全风险分析和预警体系、渔业产业化发展、人员培养培训机制、企业文化建设、水产品安全信息平台、社会保障体系建设以及渔业科技创新等内容。

在上述分析的基础上,结合第十章重点环节建设,本书提出建立海水养殖产品食品安全保障体系的核心就是建立CPMC体系,全称为Cultivation(养殖)、Process(加工)、Market(市场)与Complex(综合)体系,实际上就是将第六章养殖阶段海水养殖产品食品安全保障体系、第七章加工阶段海水养殖产品食品安全保障体系、第八章市场阶段海水养殖产品食品安全保障体系与第九章海水养

殖产品食品安全综合保障体系进行有效整合,重点突出第十章
HACCP 体系与标准化体系建设,力求全面覆盖海水养殖产品供应
链的所有环节,追求食品安全管理零死角、零漏洞、零容忍和零风
险的"四零原则",希望能为推动海水养殖产品食品安全保障工作
作出积极的贡献。

Abstract

China is the country with giant amount of marine food production, consumption and export as acknowledged by the world. Particularly, the mariculture industry has embraced its favorable development momentum after 21st Century. According to the d—ata in year 2012, the total value of marine food economic output has reached 226,454 billion Yuan, while the total output of marine production has reached 16,438 million tons. Under the threat of food safety globally, it has become a significant goal for mariculture industries in sustainable development to provide sufficient and quality marine food. Therefore, how to describe the situation and management output of marine food safety for real and objectively? It is a workable approach to establish a comprehensive, integrated and effective security system for mariculture.

This paper has utilized the analysis method from management to provide the solution. It takes the theory of food safety, the aquatic product theory, quality management model theory and the theory of brand of agricultural products as the theoretical foundation, refers to the experience from aquatic product safety management from developed countries, and combines with the model of game theory analysis. Consequently the supply chain of marine products has been divided into three stages respectively cultivation, processing and market, and the relevant research of system on the possible risks in food safety on respective stages has been developed. With the analysis of statistical data, case study and

1

questionnaire analysis, finally the theoretic framework of safety system of marine food in integration has been formulized.

This paper is arranged in 10 chapters, while Chapter 1 is introduction, followed by relevant theoretical review in Chapter 2. Chapter 3 is mainly about the management experience of marine food safety of developed country. while Chapter 4 is the general description of domestic marine products food safety. Chapter 5 has discussed the game model focus on the motivation of government and enterprises. The main body of this paper consists of Chapter 6, Chapter 7, Chapter 8 and Chapter 9, respectively the marine products food safety security system of production stage, the marine products food safety security system of processing stage, the marine products food safety security system of market, and the comprehensive security system of marine products food safety. For Chapter 10, it discussed the most important links.

As mentioned above, Chapter6, 7, 8 and 9 are the main bodies of this paper. The marine products food safety security system of production stage is the upstream node in the supply chain, and is the production node of the fresh marine food and seafood raw material processing. The forage, fishery medicine, quality of water and the offspring seed are the four key factors that affect the marine products quality. Therefore, this chapter has developed the security system based on the four key factors, with the help of seawater healthful aquaculture system, seawater aquaculture prevention and cure of diseases, disaster protection of seawater aquaculture industries and the supervision and random checking at place of production. The marine products food safety security system of processing stage belongs to the processing of seafood, which has significant influence to the quality and safety of seafood. Therefore, this chapter has commenced with the

GMP, SSOP and the market access system of food quality and safety, and put the aquatic product processing raw material, processing environment, factors of workers and food additives into research as well. The marine products food safety security system of market has several main nodes, such as transportation, storage, wholesale and retail. Therefore, this stage is the key node for marine food entry the market, including traceability of aquatic products, circulation and safety management of aquatic products, inspection and detection of aquatic products quality and safety, and the recall of aquatic products. The content in comprehensive security system of marine products food safety will play a thorough role to protect the safety of marine products rather than a system independent from the cultivation, processing or market. Therefore, this chapter is with most complicated system, most complex structure and more integrated arrangement, including standardization establishment, aquatic product quality — safety certification, food safety laws and regulation system, socialist moral system construction, aquatic product brand building, aquatic product safety risk analysis and precaution system, fishery industrialization development, personnel cultivation and training system, enterprise cultural construction, aquatic product safety information platform, social security system construction and fishery technology innovation, etc.

Based on the above analysis, this paper has pointed out the key in construction of marine food safety security system is the construction of CPMC system, which is the system of cultivation, process, market and complex system. Actually, it is the effective integration of Chapter 6, the marine products food safety security system of production stage, Chapter 7, the marine products food safety security system of processing stage, Chapter 8, the marine products food safety security system of market, and Chapter 9, the comprehensive security system of marine products food safety. The construction of the whole system is to cover the whole supply chain of seawater aquatic products supply chain, pursue the "four zero principle" which respectively the zero dead angle in management, zero loophole, zero tolerance and zero risk, and finally to contribute to the promotion of seawater aquatic product food security.

目　录

第一章　绪论 …………………………………………… 1
　第一节　研究的背景 ………………………………… 1
　第二节　研究对象、研究目的和研究意义 ………… 5
　第三节　国内外文献综述 …………………………… 8
　第四节　主要内容和拟解决的关键问题 ………… 14
　第五节　研究的方法和技术路线 ………………… 16
　第六节　研究的创新点 …………………………… 16

第二章　海水养殖产品食品安全相关理论 ………… 18
　第一节　食品安全相关理论 ……………………… 18
　第二节　水产品相关理论 ………………………… 22
　第三节　质量管理模型理论 ……………………… 27
　第四节　农产品品牌理论 ………………………… 30

第三章　发达国家水产品管理的经验和启示 ……… 34
　第一节　世界海水养殖业发展概况和发展趋势 … 34
　第二节　美国的水产品食品安全管理 …………… 37
　第三节　日本的水产品食品安全管理 …………… 40
　第四节　韩国的水产品食品安全管理 …………… 44
　第五节　挪威的水产品食品安全管理 …………… 45
　第六节　发达国家水产品食品安全管理的启示 … 46

第四章　中国海水养殖产品食品安全概况 ………… 50
　第一节　中国海水养殖业发展历史和现状 ……… 50

　　第二节　中国水产品食品安全管理体制和发展现状 ⋯⋯ 53

　　第三节　水产品安全危害因素分析 ⋯⋯⋯⋯⋯⋯⋯ 56

　　第四节　建立海水养殖产品食品安全保障体系的必要性
　　⋯⋯⋯⋯⋯⋯⋯⋯⋯⋯⋯⋯⋯⋯⋯⋯⋯⋯⋯⋯⋯ 58

　　第五节　建立海水养殖产品食品安全保障体系的基本原则
　　⋯⋯⋯⋯⋯⋯⋯⋯⋯⋯⋯⋯⋯⋯⋯⋯⋯⋯⋯⋯⋯ 61

第五章　水产品安全管制作用机制的博弈分析 ⋯⋯⋯⋯ 65

　　第一节　水产品食品安全博弈模型的假设及变量的选取
　　⋯⋯⋯⋯⋯⋯⋯⋯⋯⋯⋯⋯⋯⋯⋯⋯⋯⋯⋯⋯⋯ 65

　　第二节　水产品食品安全博弈模型的建立和求解 ⋯⋯ 66

　　第三节　基于水产品食品安全博弈模型的政府行为动机分析
　　⋯⋯⋯⋯⋯⋯⋯⋯⋯⋯⋯⋯⋯⋯⋯⋯⋯⋯⋯⋯⋯ 69

　　第四节　基于水产品食品安全博弈模型的企业行为动机分析
　　⋯⋯⋯⋯⋯⋯⋯⋯⋯⋯⋯⋯⋯⋯⋯⋯⋯⋯⋯⋯⋯ 71

　　第五节　小结 ⋯⋯⋯⋯⋯⋯⋯⋯⋯⋯⋯⋯⋯⋯⋯⋯ 73

第六章　养殖阶段海水养殖产品食品安全保障体系 ⋯⋯⋯ 75

　　第一节　加强对投放饲料的管理和开发 ⋯⋯⋯⋯⋯ 75

　　第二节　加强对投放苗种的管理和开发 ⋯⋯⋯⋯⋯ 79

　　第三节　提高渔业水域海水污染的监测强度和治理水平
　　⋯⋯⋯⋯⋯⋯⋯⋯⋯⋯⋯⋯⋯⋯⋯⋯⋯⋯⋯⋯⋯ 82

　　第四节　加强对投放药物的管理和开发 ⋯⋯⋯⋯⋯ 89

　　第五节　鼓励海水健康养殖模式的推广 ⋯⋯⋯⋯⋯ 93

　　第六节　建立海水养殖疾病防治和检测体系 ⋯⋯⋯ 95

　　第七节　建立完善的海水养殖业灾害保障机制 ⋯⋯ 97

　　第八节　建立水产品产地监督抽查抽样制度 ⋯⋯⋯ 99

　　第九节　小结 ⋯⋯⋯⋯⋯⋯⋯⋯⋯⋯⋯⋯⋯⋯⋯ 100

第七章　加工阶段海水养殖产品食品安全保障体系…………　101

第一节　GMP 与 SSOP …………………………………　102

第二节　建立严格的食品质量安全市场准入制度 ………　104

第三节　加强水产品原料控制和管理 ……………………　109

第四节　加强水产品加工环境管理 ………………………　111

第五节　加强水产品加工人员管理 ………………………　114

第六节　加强食品添加剂使用管理 ………………………　117

第七节　小结 ………………………………………………　119

第八章　市场阶段海水养殖产品食品安全保障体系………　120

第一节　建立水产品可追溯体系 …………………………　120

第二节　建立水产品流通安全管理体系 …………………　125

第三节　建立严格的水产品质量安全检验检测体系 ……　131

第四节　建立水产品召回制度 ……………………………　136

第五节　小结 ………………………………………………　139

第九章　海水养殖产品食品安全综合保障体系……………　140

第一节　建立健全水产品质量安全认证体系 ……………　140

第二节　建立健全海水养殖产品食品安全法律法规体系

…………………………………………………………　147

第三节　推进社会主义道德体系建设 ……………………　149

第四节　推进水产品品牌建设 ……………………………　151

第五节　建立水产品食品安全风险分析和预警体系 ……　156

第六节　提升海洋渔业产业化水平 ………………………　160

第七节　建立完善的人才培养和人员培训机制 …………　163

第八节　加强企业文化建设 ………………………………　166

第九节　建立水产品安全信息平台 ………………………　170

第十节　健全社会保障体系 ………………………………　174

第十一节　建立海水养殖产品科技创新机制 ……………　178

第十二节　小结 …………………………………… 181

第十章　海水养殖产品食品安全保障体系重点环节 ………… 183
　第一节　推行 HACCP 体系 ……………………… 183
　第二节　推进标准化建设 ………………………… 202
　第三节　小结 ……………………………………… 215

参考文献 ……………………………………………… 216

后记 …………………………………………………… 224

第一章 绪 论

第一节 研究的背景

"国以民为本,民以食为天,食以安为先。"食品安全问题历来是各国政府关注的重点,尤其是在当前我国市场经济发展取得初步成果,国民经济快速稳定发展的前提下,大多数国人的温饱问题已经基本解决,如今的食品问题焦点无疑就是如何在保证食品数量供应的前提下,切实提高食品质量的安全系数。2011年6月29日第十一届全国人大常委会第21次会议上《人大常委会听取检查食品安全法实施情况报告》中建议"将食品安全与金融安全、粮食安全、能源安全、生态安全等并列纳入国家安全体系",食品安全问题的重要性可见一斑。

食品安全如今不仅仅是政府部门关心的话题,更是学术界和老百姓普遍关注的关乎国计民生的大事,可以说食品安全既包含着政治内容,也包含着经济内容和社会内容。政府在食品安全保障方面起着不可替代的主导作用,相关职能部门的主要工作之一就是保证市场上流通食品的安全性,同时政府还应当建立健全食品安全法律法规体系,将食品安全纳入法律的调整范畴,坚持依法治国;学术界对于食品安全的研究一方面可以给政府决策提供理论依据和参考,另一方面可以用来对消费者进行科普宣传,传递食品安全正能量,当然,还有一个很重要的作用就是给食品企业提供科学管理和生产的理论体系,帮助食品企业更好地进行产品质量管理;普通百姓既是食品的消费者,也是许多食品的生产者,比如农户将生产的农产品拿到市场上售卖,这就要求作为消费者,我们能够具备一定的食品安全常识,提高食品安全管理的参与意识,作为生产者,我们能够严格按照安全规范进行生产,合理进行储藏与运输,切实保证食品安全;食品企业是食品生产的主要力量,也是食品安全控制中最重要的一个主体因素,食品安全是生产出来的,如果主要依靠监督和检测等外围手段来控制食品安全,那就本末倒置了。

近年来 FAO(联合国粮农组织)、CAC(国际食品法典委员会)、WHO(世界卫生组织)以及各国政府对于食品安全问题都给予了足够的重视,食品安全已经不仅仅是某一国家或者地区的问题了,全球经济一体化趋势越来越明显,整个世界已经被紧密地联系在了一起,一旦某个国家或地区发生大规模食品安全突发事件,危害将会很快传递到其他国家和地区,欧洲爆发的疯牛病就是很典型的一个例子。因此,2000 年 WHO 在第 53 届世界卫生大会上就首次提出并通过了关于加强食品安全控制的议案,旨在加强对于食品质量安全的管理,提高各国的食品安全意识。欧盟也于 2000 年发布了《欧盟食品安全白皮书》,并且成立了欧盟食品安全局,目标就是针对食品安全问题进行更为严格的监控。目前,对于食品安全问题世界各国政府不但在行政机构功能设置方面对食品安全管理进行有针对性的调整,食品安全法律法规体系也大都在不断调整和完善中,同时依靠科技体系和监控体系的支撑,对食品安全问题进行全方位监管已经成为一个基本的共识。

我国海洋渔业在新中国成立后发展迅速,尤其是在加入 WTO之后,依托世界经济一体化,海洋渔业发展取得了举世瞩目的成就。海洋渔业的迅速发展可以很好地起到带动相关产业发展的作用,比如造船业和其他装备制造业,比如水产品销售业,比如水产品仓储和物流业等等。当然,海洋渔业发展最直接的积极作用还在于提供了数量庞大的就业岗位,并且成为一些地区的支柱产业,渔民收入也因此得到了很大程度的提高。根据《中国渔业年鉴(2013)》的统计数据,2012 年我国海水养殖总产值为22 645 362.95

万元,比 2011 年增加了 1 668 109.57 万元,2012 年我国渔民人均纯收入为 11 256.08 元人民币,比 2011 年增长了 12.43%,2012 年我国渔民家庭全年总收入为 263 249.98 万元人民币,渔民家庭全年纯收入为 81 969.45 万元人民币。

我国海水养殖业历史悠久,产量规模长期居世界第一位,2004 年海水养殖产量更是占到了全球海水养殖总产量的 70%,在世界海水养殖业中扮演着举足轻重的角色。根据《中国渔业年鉴(2013)》的统计数据,2012 年我国海水养殖总产量为 16 438 105 吨,海洋捕捞和远洋渔业的总产量为 13 895 332 吨,海水养殖与海洋捕捞和远洋渔业的比值为 1.18,由此可见海洋资源的有限性必然会导致自然资源日益枯竭,海水养殖业的发展潜力明显比海洋捕捞业大,虽然远洋捕捞业已经发展到了新的阶段,但是海洋自然渔业资源毕竟是有限的,我们也不可能无休止地向大自然索要馈赠,发展技术密集型海水养殖业将是未来海洋渔业的发展潮流。

水产品具有较高的营养价值,中华儿女在几千年的历史中也养成了食用水产品的生活习惯,尤其是在沿海地区和某些拥有丰富淡水资源的内陆地区,水产品更是居民食谱中的"常客"。根据《中国渔业年鉴(2013)》的统计数据,2012 年我国水产品总产量为 5 907 6760 吨,比 2011 年增长了 5.43%,其中海水产品产量为 3 033 3437 吨,占水产品总产量的 51.3%,海水养殖产量为 16 438 105 吨,占海水产品总产量的 54.2%,占水产品总产量的 27.8%。由此我们可以看出,在水产品总产量中,海水产品的比重要超过淡水产品的比重,在海水产品中,海水养殖产品的产量能够占到一半以上,所以研究水产品食品安全问题,重点在于研究海水养殖产品。但是随着我国海水养殖业的迅速发展,水产品食品安全问题也逐渐暴露出来,如 2002 年出口虾仁爆出的"氯霉素"事件,不但造成了巨额直接经济损失,更为严重的是给我国出口水产品的声誉造成了恶劣的影响,这就体现出了农产品品牌的外延性特点,出口虾仁"氯霉素"事件使得整个中国的动物源性产品在欧盟受到严厉的抵制和禁运,受影响的不仅仅是以虾仁业为代表的水产品业,而是整个动物源性食品业。食品安全重于泰山,这句话虽然说起来简单,但却是任何食品生产企业和个人都不能忽视的一句箴言。

我国海水养殖产品食品安全管理方面还存在许多问题,简单来说主要有以下几点。第一,我国海水养殖产品质量管理体制不完善。目前我国的管理体制存在着执法不一、权责不明以及管理模糊等问题,一些环节存在管理职能重叠的现象,对海水养殖产品食品安全的管理和监控存在许多漏洞,交叉管理也造成了政府公共行政资源的浪费。第二,针对海水养殖产品食品安全的法律法规体系还需要进一步健全和完善。目前我国食品立法多采用部门单独立法的方式,不可避免地存在法规冲突和权责不统一等问题,而且在法律体系上缺乏协调性,随之而来的问题就是执法主体不明确,还有一个比较突出的问题就是法律法规修改的周期过长,导致法律滞后性的弱点在水产品食品安全管理方面显现得尤其突出。第三,海水养殖产品标准化建设需要进一步加强。标准化生产是食品安全的重要保障,而目前我国在标准化生产观念、体制、标准制定等方面存在诸多需要解决的问题。第四,水产品质量检验检测体系存在漏洞,有待于进一步完善。目前我国的水产品检验检测主要依靠政府来完成,中介检验组织和企业自检没有得到充分的调动,而且就算是政府强制进行的检验检测制度也存在诸多问题,如机构重复造成政府公共资源的浪费,检测技术和装备落后,检测体系的覆盖率不足等。第五,海水养殖产品信息服务体系需要建立和完善。信息交流、信息发布、风险分析等环节都需要一个公开、权威和全面的平台来完成,政府可以进行这方面的工作,也可以授权相关机构来进行,当然必须在政府职能部门的监管下进行。第六,水产品品牌建设有待于进一步展开。水产品品牌建设是进行水产品食品安全管理的一个重要保障,我国目前海水养殖产品的品牌化建设存在着许多问题,下面将进行详细的阐述。第七,科技研发落后,无法为海水养殖产品的食品安全管理提供足够的科技支撑。海水养殖需要科技创新,水产品加工需要科技创新,水产品运输和储藏也需要科技创新,可以说科技创新几乎贯穿于海水养殖产品的整个供应链环节。第八,海水养殖造成的环境污染正逐渐引起重视。海水养殖造成的渔业环境污染一方面需要我们对其进行足够的研究和分析,另一方面说明必须加大监管、治理和处罚的力度。

第二节 研究对象、研究目的和研究意义

一、研究对象

本书以海水养殖产品为研究对象,包括海水养殖动物类产品和海水养殖植物类产品,主要从海水养殖产品的养殖阶段、加工阶段和市场阶段分别针对食品安全问题进行研究,其中市场阶段就包括物流运输、储藏、销售和售后等几个方面的内容,虽然内容较为复杂,但是根据海水养殖产品供应链的整个流程来看可以统一划分到市场阶段进行研究。

二、研究目的

本书将围绕海水养殖产品食品安全问题展开理论研究,以水产品食品安全相关理论为基础,辅以发达国家水产品食品安全管理的先进经验和一些实证研究,总结出针对海水养殖产品食品安全保障机制的整个体系。将海水养殖产品的整个生命周期划分为养殖阶段、加工阶段和市场阶段是为了更清晰地理顺食品安全管理的思路,针对每个阶段海水养殖产品食品安全存在的问题具体分析,最后再增加一个综合保障体系和重点环节分析,这就构成了海水养殖产品食品安全保障机制的完整体系。本书希望一方面能够在理论上细化对海水养殖产品食品安全问题的研究,将管理学相关理论应用于海水养殖产品食品安全保障机制,另一方面也能为从事海水养殖产品的养殖、加工、运输和销售等行业的企业和个

人提供食品安全保障方面的一些参考和建议。

三、研究意义

保障食品安全是食品行业的第一要务,也是政府相关职能部门工作的重中之重。水产品需要食品安全,海水养殖产品亦需要食品安全,在国民经济快速健康发展的今天,研究海水养殖产品食品安全问题无疑具有重要的社会意义、经济意义和政治意义。

第一,有利于维护消费者的根本利益。对于沿海和内陆地区有食用海水养殖产品习惯的消费者来说,海水养殖产品食品安全问题是与健康紧密联系在一起的。"病从口入"这句话深刻地解释了食品安全的重要性。对水产品这种特殊食品来说,如果处置不当,很容易发生变质等问题,直接影响消费者的身体健康。我们进行水产品食品安全保障研究从根本上讲是为了保障人民群众的身体健康,而这也是党和政府以人为本执政理念的重要体现。

第二,有利于为政府决策提供理论和参考依据。目前我国水产品食品安全管理存在着诸多问题,对水产品食品安全保障体系的研究首先有助于有效评估海水养殖产品供应链的各个环节,借此提醒政府相关职能部门重视这些问题;其次可以提供较为完整的水产品食品安全保障理论体系,供政府相关职能部门在进行食品安全管理时参考;对发达国家水产品食品安全管理工作先进经验的总结可以帮助我们开拓思维和眼界,包括管理机构的设置、管理职能的划分以及法律法规体系的建立健全等都具有比较高的借鉴价值。尤其是在市场经济环境下,市场失灵是不可避免的,政府必须通过看得见的手和看不见的手双管齐下,为社会经济快速健康稳定发展创造良好的外部环境。

第三,有利于推动社会主义新农村建设,提高渔民收入。渔村和渔民是海水养殖离不开的两个因素,也是建设社会主义新农村离不开的两个因素。在海水养殖产品食品安全保障体系中,养殖阶段是重点之一,只有严格按照食品安全保障机制的要求推动海水养殖业的健康发展,才能促进海洋渔业走上可持续发展道路,也只有这样才能从根本上提高渔民收入。同时,渔民既是水产品的生产者,也是水产品的消费者,如果发生水产品食品安全事件,渔民的利益也会受到很大损害,渔村的安定繁荣也就无从谈起。所以说建设社会主义新农村,提高渔民生活水平,都需要加强水产品食品安全管理。

第四,有利于提高我国水产品的市场竞争力,尤其是提高出口水产品的国际竞争力。我国加入 WTO 之后与世界市场的融合程度越来越深,同时也面临着日益严峻的国际竞争环境。一些国家通常会以设置技术贸易壁垒的方式阻止我国水产品的进入,如果不在水产品食品安全管理方面下大功夫,下苦功夫,我国出口水产品参与国际竞争的难度可想而知。根据国家质检总局标法中心发布的《国外扣留(召回)我国出口产品情况分析报告(2012 年度)》显示,2012 年我国出口水产品及其制品共被扣留或召回 347 批次,在各类出口食品中居第一位,不过相比 2011 年,水产品及其制品被扣留或召回的批次减少了 86 批次,所以我国出口水产品的质量安全问题虽然较为严重,但总体发展趋势是良好的。加强水产品食品安全管理是目前世界各国普遍重视的问题,我们可以这样认为,一些国家给我国出口水产品设置的技术贸易壁垒,既是一种挑战,也是一种机遇,利用这个契机,我们正好致力于提高水产品食品安全管理水平,切实提高出口水产品的国际市场竞争力,从而将压力转化为前进的动力。

第五,有利于提升"中国制造"的国际形象。这跟第四条的内容有一些相似,二者是相辅相成的。以往"中国制造"带来的隐藏标签都是粗放经营、质量低劣之类的词汇,这种印象需要我们慢慢来改变,具体到水产品来说,加强食品安全管理,提高水产品质量管理水平,正是提高我国水产品国际形象的根本措施。当然这是一个漫长的过程,也不仅仅是水产品业这一个行业的责任,但是"不积跬步,无以至千里;不积小流,无以成江海",我们要做的就是踏踏实实、一步一步地来改变国际上对于"中国制造"的消极印象,所以研究水产品食品安全管理问题,提高水产品质量安全管理水平,既是提升我国水产品国际形象的重要一步,也是提升"中国制造"国际形象的重要一步。

第六,有利于促进我国渔业的健康发展。提高水产品食品安全管理水平是渔业健康发展的内在要求,也是全体渔业人的社会责任所在。不管是水产品养殖业、水产品加工业、水产品运输物流业还是水产品销售业,都需要纳入到食品安全保障体系中来,其中任何一个环节出现食品安全问题,都会对渔业的发展产生消极影响。国民经济的健康发展离不开渔业,渔业的健康发展离不开食品安全管理,研究水产品食品安全问题,提高水产品食品安全管理水平是发展健康渔业的必然选择。

第七,有利于促进渔业经济理论体系的进一步充实和完善。水产品食品安全研究是渔业经济管理理论不可分割的一部分,并且是非常重要的一部分内容。对于水产品食品安全保障机制的研究能够充实水产品食品安全理论,完善渔业经济理论体系,在食品安全问题越发引起重视的今天尤其具有理论和现实意义。

第三节　国内外文献综述

一、食品安全体系问题

食品安全体系是一个综合性的问题,在首届全球食品安全管理人员论坛上,联合国粮农组织经济社会司助理总干事 Hartwig de Hean 博士就对食品安全体系的作用和运行效果进行了重点强调,呼吁世界各国尽量采用适合各自国情的食品安全系统,在食品安全管理方面不能各自为政,需要加强国家间正式和非正式合作。2004 年 10 月在泰国曼谷,FAO 和 WHO 联合召开了第二届全球食品安全管理人员论坛,会议的主题就是"建立有效的食品安全系统",该会议主张既要加强政府食品安全监控和管理,又要建立食源性疾病监视和食品安全快速预警机制。具体来讲,该会议的主题有以下几个方面:一是政府应当以消费者利益为出发点,保证消费者能够充分参与到国家食品安全管理体系的运作中来,重视消费者在食品安全管理中的作用;二是应当建立国家级别的食品安全管理咨询机构来实现关于保障食品安全的政治承诺;三是建立中央政府和地方政府之间的互动协调机制来保证食品安全管理体系的顺利运行;四是政府既要在食品安全政策方面提升执政能力,也要加大食品安全政策的执行力度,同时还要在地区范围内或者国际范围内做到与其他食品安全管理人员共享食品安全政策与信息数据,这样可以有效促进食品安全管理工作的顺利展开;五是INFOSAN(国际食品安全部门网络)可以提供大量的信息和技术支持,呼吁各国政府加入该系统,以保证该系统能够使尽量多的国家分享相关食品安全信息与数据;六是应当将生物反恐这一热点话题纳入食品安全管理体系。

De Waal(2003)基于消费者的角度对食品安全监管体系的主体进行了相关研究,他认为必须建立独立的食品安全管理部门,只有这样才可以使得社会资源合理利用,这也是建立完整的食品安全监管体系不可缺少的一步,同时他认为食品安全监管体系的透明度对于该体系的实际效用将会发挥关键作用。Adrie(2005)认为食品供应链上各主体之间的合作协调与否能够很大程度上决定食品供应链的运行效果,只有各个主体之间的交流合作顺利展开,食品供应链才能有效运行,同时食品安全控制体系也不是永久有效的,它可能会因为某种原因而失效。Rolf(2007)认为现实生活中食品供应链上相关技术、行政和社会发展三个方面的不确定性是影响食物链安全的最主要因素。

叶永茂(2002)认为建立完善的食品安全质量控制体系,必须从以下三个方面着手,即改革食品安全管理体制和运行机制、建立健全食品安全法律法规体系以及建立强制性的食品安全标准化体系。王小兰(2004)认为应当重视农产品国际贸易绿色壁垒,并以此为契机建立完善的食品安全标准化体系。王海华(2005)认为水产品质量安全标准化体系、质量安全检验检测体系和质量认证体系对于推动水产品食品安全保障具有重要作用。

二、基于管理学的食品安全问题研究

目前,学者们从管理学的角度来研究食品安全问题,主要包括政府行为、食品供应链管理、法律法规体系和保障机制四个方面的内容。

1.食品供应链的研究

供应链理论的引入为食品安全理论提供了新的发展路径,著名学者 Denouden,Zuurhie 等于 1996 年首次提出了食品供应链(Food Supply Chain)概念。英国经济学家 Marsden 以食品供应链为基础,重点研究了消费者偏好在食品安全诸多影响因素中的地位问题。Marsden 从食品的零售环节、购销渠道和营销策略等方面对食品安全问题进行了解读,认为必须重视食品供应链中存在的交易费用与合同关系的完成程度。Peter(2008)认为食品供应链中的食品安全控制主要由食品供应各环节的参与主体来完成,如食品生产者、食品加工者、食品运输者、食品销售者、政府和消费者等主体分别在食品安全控制中发挥着重要作用。Hudson(2001)主要针对食品供应链中各环节市场参与主体和要素之间的契约协作关系进行了理论研究和实证分析。C. E. Fisher(1993)提出了水产品质量安全问题清单,该清单包括自然毒素和环境污染等六大类问题,与此同时还将化肥和农渔兽药等化学投入品定义为人为加入食物链的有害物质。

张云华等(2004)利用博弈论对食品供应链中的食品安全问题进行分析,认为要切实提高食品安全管理水平,不仅需要食品供应链所有参与主体的通力合作,还需要政府相关职能部门所提供的政治环境,如完善的法律法规体系、政策和资金支持等。陈椒(2005)认为食品企业自身在食品安全管理工作方面的主观疏忽和落后机制是导致食品安全问题发生的根本原因。斯樊锋(2006)认为我国目前食品供应链存在的问题主要有三个方面,即食品质量、供应链基础薄弱和日益加剧的竞争。陈国军(2005)等认为水产品供应链具有较高的保质保鲜要求,水产品供应链上的企业必须在水产品运输和储藏方面提高协作能力和管理水平。王铭(2009)认为食品供应链中的风险主要归结于市场失灵和政府失灵,对此需要行业协会组织、企业和消费者三方的协调努力来克服,行业协会组织和企业要加强自律,消费者要提高食品安全意识。商凌风等(2009)运用SWOT法对我国目前的食品冷链物流发展进行了分析研究,针对食品冷链物流发展中存在的问题提出了一些有针对性的建议。

2. 政府在食品安全管理中的作用

Weiss(1995)认为水产品企业可以通过加强自身检测的方式来提升其品牌形象。Swinbank(1993)认为政府主要在合同的履行保障方面保证食品安全,除此之外对于食品安全问题并不能起多大的作用。国外一些学者认为食品安全不需要政府干预,食品安全信息的不完全性对于交易各方都有影响,Antle(1995)将其称为"不对称不完全信息——仅对消费者信息不完全"和"对称不完全信息——生产者和消费者双方信息都不完全"。Wolf(1986)和Antle(1995)认为在产品质量安全领域需要政府来克服市场失灵现象,政府应当起到应有的作用。Hayek(1931)认为产品的质量安全应当将"社会正义"作为自由品质来追求,政府的介入也应当将公平正义作为首要的目标。

李少兵等(2005)从技术、经济和制度三个角度研究了我国食品安全管理问题,并针对政府对食品安全的控制问题提出了四个方面的建议,一是建立健全食品质量安全管理机构体系,二是制定完善食品生产和流通中的相关行业标准,三是建立健全食品安全法律法规体系,四是加强食品安全监管与应急管理信息系统的建设。邓淑芬等(2005)以政府为出发点,认为建立专业的食品安全信用等级评估机构和食品安全信用评估体系对于食品安全管理具有积极影响,可以考虑建立强制性的食品安全信用等级评估制度来解决信息不对称和食品安全标准不统一这两大问题,只有切实提高政府食品安全管理水平,才能更好地保障食品消费者的经济利益和身体健康。陈家勇(2004)主要以水产养殖领域作为研究范围,认为政府应当在以下三个方面起到积极的作用,一是加强对水产养殖投入品、养殖过程和水产品质量的监管,二是确定和保护水产养殖生产者的产权问题,三是加大水产养殖水域的环境监测和保护力度。

3. 食品安全法律法规体系

鉴于当前消费者对于食品安全的关注焦点已经由食品的供给安全转移到食品的质量安全与营养等领域,发达国家普遍都在通过建立完善的食品安全法律法规体系来实现降低政府行政管理成本、提升食品国际竞争力的目的。美国有关食品质量管理的法令主要包括《联邦食品、药品、化妆品法》和《食品质量保护法》等,在这些法令的基础上,还辅以一系列的程序性法规来完善法律法规体系。日本先后出台《食品卫生法》、《输出品取缔法》、《农林产品品质规格和正确标示法》和《农药管理》等关于农产品质量安全的法律法规,对保障农产品质量安全起到了积极的作用。加拿大关于食品质量安全的法律主要包括《食品药物法》、《有害物控制产品管理法》和《饲料法》等,此外也辅以相应的辅助法规条例。

4. 食品安全保障机制研究

张琳等(2009)以我国目前食品安全保障机制存在的问题为出发点提出了几项建议:一是重视食品安全的警示问题,二是加大监督和惩罚力度,三是建立健全食品安全法律法规体系和食品行业标准体系,四是建立较为完善的食品安全宏观调控和管理体系。张惠才等(2006)对 TQM,HACCP,GMP,ISO9001 和 ISO2200 等食品安全控制和管理体系进行了研究,重点强调了食品质量安全认证体系的关键作用。

三、基于经济学的食品安全问题研究

欧美学者对食品质量安全和消费者认知水平、判断选择行为之间的关系进行了诸多研究。Norman E. Bowie 在著作 *Business Ethics Quarterly* 中明确提出,在市场交易中透明度和信任感对于

消费者水产品质量安全认知具有重要影响。Swinbank(1993)认为食品作为一种商品,其价格弹性很大,随着可支配收入水平的提高,消费者对食品的安全要求必然随之提高。Modjuszka 和 Caswell(1996)认为食品企业一旦遭遇食品安全问题,造成的损失将是非常严重的,既包括承担法律责任导致的直接经济损失,也包括产品品牌受到消极影响所带来的品牌价值的间接损失,品牌形象和美誉度的受损必然带来市场份额的下降,综合来看这些损失远远大于投入产品质量安全管理的成本,因此食品企业不管是从经济利益考虑还是从企业长远发展规划考虑,都会将产品质量安全作为增强市场竞争力的基础性措施。Reardon 和 Farina(2001)认为企业可以通过引进新技术来有效提升产品质量安全,从而实现提升市场竞争力的发展目标。Shavell(1987)和 Annandale(2000)认为企业对安全产品的供给动机受到多种因素的影响,具体来说包括组织学习、管制类型、利益相关者、强制力度和企业文化等。

吴海华等以食品安全管理中的信息不对称问题作为研究基础,提出可以通过发送市场信号以及加强政府行政管理来应对信息不对称造成的食品安全难题。黄浩等(2007)从信息经济学和规制经济学的角度出发,对食品安全市场失灵进行了溯源研究。唐晓燕(2007)从交易成本论的角度出发,认为企业不自律的成本要小于企业其所获得的收益,因此即使企业不采取自律行为,也不会加大损失,这也是导致食品安全问题层出不穷的根本原因。

四、小结

国外对于包括水产品在内的食品安全问题研究相对来说比较全面、具体和系统,对于"从池塘到餐桌"的食品安全全程监控研究起步也较早。近 30 年来,我国水产品食品安全管理的研究也在逐步完善,但是对于水产品从养殖阶段到市场阶段完整的食品安全保障体系研究并不是非常丰富,尤其是对水产品中的主力——海水养殖产品来说,贯穿全程的食品安全保障体系研究更加薄弱,因此,针对海水养殖产品分阶段的食品安全保障体系研究有待于理论界逐步完善。

第四节　主要内容和拟解决的关键问题

一、主要内容

本书由 10 章构成。

第一章为绪论,主要对研究背景、研究对象、研究目的和研究意义进行陈述,同时对国内外关于水产品食品安全理论的研究现状进行文献综述,提出论文的创新点。

第二章为海水养殖产品相关基础理论综述,通过对食品安全理论、水产品质量安全理论、质量管理模型理论和农产品品牌理论的研究为下面的展开论述提供理论基础。

第三章主要对国外发达国家水产品食品安全管理的先进经验简单陈述,并从中总结出给我国水产品食品安全管理工作带来的启示。

第四章简单概述我国海水养殖业的发展历史和现状、水产品食品安全危害因素和水产品食品安全管理体制及现状,同时对建立健全海水养殖产品食品安全保障体系的必要性和基本原则进行总结。

第五章主要对博弈模型展开详细论述,并进行水产品质量安全管制作用机制的博弈论分析,包括水产品食品安全博弈模型的假设、建立和求解,然后进行基于该博弈模型的政府和企业行为动机分析。

第六章主要以养殖阶段水产品食品安全危害因素分析为基础,结合适当案例分析对养殖阶段海水养殖产品食品安全保障体系进行总结和概括。

第七章主要以加工阶段水产品食品安全危害因素分析为基础,结合适当案例分析对加工阶段海水养殖产品食品安全保障体系进行总结和概括。

第八章主要以市场阶段水产品食品安全危害因素分析为基础,对市场阶段海水养殖产品食品安全保障体系进行总结和概括,具体来说市场阶段包括海水养殖产品的运输、储藏、销售和售后环节。该章之所以不以"流通阶段"为标题是因为市场的概念比流通的概念外延更广泛,通常所谓的流通只是商品从生产领域流向消费领域的过程,而笔者认为该阶段应当涵盖的内容包括海水养殖产品进入市场之后的所有环节,为由消费领域向生产领域的反向过程。

第九章为在养殖、加工和市场三个阶段之外增加的一章,即海水养殖产品食品安全综合保障体系研究,该章主要涵盖了贯穿海水养殖产品整个生命周期的数项食品安全保障机制,也是这四章制度研究中内容最为复杂的一章。

第十章主要是针对 HACCP 体系和标准化体系建设的重点环节论述。其中,HACCP 体系建设包含了 HACCP 原理简介、HACCP 在海水养殖中的应用以及在水产品加工中的应用 3 部分内容;标准化建设包括产品标准制定和修改的基本原则、海水养殖标准化建设、水产品加工标准化建设以及水产品物流标准化建设 4 部分内容。

二、拟解决的关键问题

本研究旨在通过对目前我国水产品食品安全危害因素进行总结,在此基础上将海水养殖产品的生命周期划分为养殖阶段、加工阶段和市场阶段三个阶段,另外增加食品安全综合保障机制,因此拟解决的关键问题主要有以下几点:

一是对目前我国海水养殖产品食品安全管理存在的问题进行简要总结和概括;

二是与发达国家水产品食品安全管理工作的先进经验进行横向比较,总结经验教训;

三是建立完整的海水养殖产品食品安全保障体系。

第五节 研究的方法和技术路线

一、研究的方法

本课题主要采取文献研究法、观察法、案例法、归纳法等研究方法。首先是采用文献研究法对国内外相关课题的文献进行查阅、整理、分析、统计与评述,汲取本课题先行者的研究成果。文献检索和阅读是进行一项科学研究必需的研究方法,要在充分占有资料的基础上进行文献分析研究,掌握有关的科研动态、研究成果、研究现状和研究前沿动态。其次要采用观察法和问卷法进行个案分析,选取有代表性的水产品食品安全事件进行调研分析,了解典型个案的教训经验,在此基础上进行归纳、总结和概括,由此得出我国海水养殖产品食品安全保障机制的完整体系。

二、技术路线

本研究的技术路线见图 1-1。

第六节 研究的创新点

一般来讲,食品安全保障理论体系是由法律法规及标准体系、检验检测体系、认证认可体系、执法监督体系和市场信息体系构成。本研究的创新点主要是将六大体系和其他体系进行整合,对海水养殖产品养殖、加工和市场三个阶段的食品安全保障体系进行详细的阐述和总结,同时增加海水养殖产品食品安全综合保障体系研究,将海水养殖产品的整个生命周期完全覆盖,在政府与企业博弈模型中重点引入动机分析,力争用海水养殖产品食品安全保障体系对该博弈模型实施积极的影响,在四个独立的保障体系之外单独进行重点环节分析,从而在广度与深度方面更加完善,最后建立完整的海水养殖产品食品安全保障体系,即 CPMC 体系,全称为 Cultivation(养殖)、Process(加工)、Market(市场)与 Complex(综合)体系。

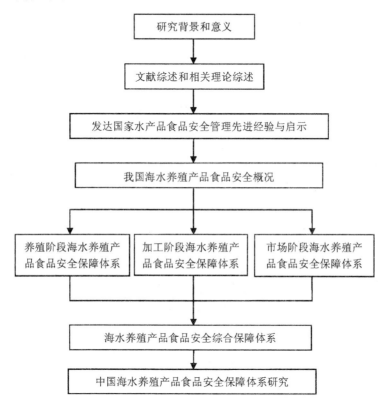

图 1-1 研究技术路线

第二章　海水养殖产品
食品安全相关理论

第一节　食品安全相关理论

一、食品安全性概述

人们对于食品安全的认识经历了一个漫长的演变过程,在早期文明中人们就已经形成了一些有关食品的禁忌,如孔子的"五不食"原则和《圣经》里关于食品食用禁忌的说明记载。食品安全概念第一次被明确提出可以追溯到 1974 年的世界粮食大会,联合国粮农组织在会议中首次提及了食品安全概念。值得注意的是,食品安全并不是一个一成不变的概念,不同的社会经济发展阶段对于食品安全的定义也是不尽相同的。在经济落后、食品数量无法得到稳定供给的发展阶段,人们对于食品安全的关注焦点自然是食品数量,在温饱都无法完全解决的情况下,没有人会过分关注食品营养和食品质量安全之类的问题。而当社会经济发展到比较繁荣的阶段,食品数量供给已经不是问题,人们对于食品安全的关注焦点便随之转移到食品对人们身体健康的危害系数方面来。

要研究食品安全,首先要对几个相关概念进行简要的总结和概括。

1. 食品安全概念

目前,学术界对于食品安全的概念仍然没有一个非常明确统一的定义,1984 年 WTO 曾经将食品安全和食品卫生视作同义词,认为可以将食品安全和食品卫生定义为："生产、加工、储存、分配和制作食品过程中确保食品安全可靠,有益于健康并且适合人类消费的种种必要条件和措施。"1996 年 WHO 又把食品安全与食品卫生这两个曾经的同义词进行了概念上的区分,重新将食品安全定义为"对食品按其原定用途进行制作和(或)食用时不会使消费者受害的一种担保"。我国《食品卫生法》第六条规定:"食品应当无毒、无害,符合应当有的营养要求,具有相应的色、香、味等感官性状。"目前理论界对于食品安全的内涵大致可以归纳为:食品安全是建立在法律标准基础上的,具有动态性、政治性和社会治理等特征的,以食品品质安全为关注焦点的食品管理。

食品安全分为绝对安全性和相对安全性,绝对安全性是指确保不能因食用某种食品而危及健康或造成损害的一种承诺,也就是食品应绝对无风险;相对安全性是指一种食物或成分在合理食用或控制正常食量的情况下,不会导致对健康损害的实际确定性。

2.食品卫生概念

1996 年 WHO 将食品卫生定义为"为了确保食品安全性和适用性在食物链的所有阶段必须采取的一切条件和措施"。具体来说,食品安全和食品卫生有两方面的区别:一是范围不同,食品安全涵盖的范围更加全面,一般来说食品的种植、养殖环节属于食品安全概念范畴,但是不属于食品卫生概念范畴;二是侧重点不同,食品安全侧重于过程和结果的双重安全,而食品卫生更加侧重于过程的安全。

3.食品质量概念

1996 年 FAO 和 WHO 通过的《加强国家级食品安全性计划指南》将食品质量定义为"食品满足消费者明确的或者隐含的需要的特性"。一般来说食品安全关注的焦点是消费者食用食品之后的健康状态,而食品质量关注的焦点则是食品自身的状态和特性,如颜色、味道、质地等性状。

4.食物安全概念

一般来说,食物安全是以食物的数量和食物的资源状况为落脚点进行评价的,通常食物的范围比食品要大,因为食物还包含自然环境中可以直接获取的各种动植物资源。

5. 粮食安全概念

粮食安全其实属于食品安全比较初期的概念形态,关注的焦点是保证所有人生存所必需的食品数量,具体来说包括三个层面的意思:一个是保证食品的供给数量,一个是保证食品供给数量的稳定性和持续性,最后一个则是保证能够享受稳定、持续的食品数量供给的受众群体要具有广泛性。

6. 营养安全概念

一般来讲,营养安全指的是作为食品特性存在的营养成分不会对消费者的短期健康状况和长远健康状况构成威胁。营养安全与食品安全两个概念既息息相关,又不尽相同,营养安全的内涵主要包括食品营养种类的安全以及营养成分含量的安全。目前,西方发达国家普遍认为食品安全概念应当包含营养安全,即应当将食品营养安全纳入食品安全管理理论的研究范畴。

7. 食品安全管理体系概念

食品安全管理体系(Food Safety Management System)是指在食品安全方面对组织进行指挥和控制的管理体系,包括管理、HACCP(危害分析和关键控制点)体系和SSM(安全支持性措施)方案。

二、良好行为规范

GHP,全称良好卫生规范(Good Hygienic Practice),是遵循国际食品法典委员会 *Recommended International Code of Practice-General Principles of Food Hygiene* 建立起来的良好卫生规范。GHP的目的是将食品企业生产、运输、储藏和销售等具体环节以及这些环节的外部环境都纳入规范的行列,确保食品卫生和食品安全。

GMP,全称良好加工规范(Good Manufacturing Practice),指的是食品企业生产和加工符合食品标准以及相关法律法规的食品所必须遵守的经过相关监督管理机构认可的强制性规范,具体来说 GMP 的核心内容包括良好的生产设备和卫生设施、合理的生产工艺和完善的质量管理和控制体系。食品 GMP 的 4M 管理要素指的是:Man,适当的管理和生产人员;Material,质量和品质良好的原材料;Machine,符合要求的厂房和机械设备;Method,适当的生产和管理方案。

SSOP,全称卫生标准操作程序(Sanitation Standard Operating Procedure),指的是食品加工企业为达到 GMP 规定的要求、保证加工的食品符合卫生要求而制定的指导性文件,目的是指导企业在食品生产加工过程中实施清洗、消毒和保持卫生。

GAP,全称良好农业规范(Good Agriculture Practice),通常指的是利用已有的理论和实践经验来保证农业生产整个过程中的环境、经济和社会的可持续发展,并以此来保证农产品的质量安全。根据中国国家认证认可监督管理委员会官方网站的定义,良好农业规范是"一套主要针对初级农产品生产的操作规范,可以强化农业生产经营管理行为,实现对种植、养殖的全过程控制,从源头上控制农产品质量安全"。

三、食品质量管理

食品质量管理,顾名思义,指的是质量管理理论在食品行业的体系延伸,包括食品加工和食品贮藏的过程。食品质量管理与一般有形产品质量管理既有部分共同性,也有一些自己的特点,具体来说食品质量管理的特殊性体现在六个方面:一是食品质量管理在空间和时间上具有广泛性;二是食品质量管理的对象范畴具有复杂性;三是在所有的特性中安全性是摆在首位的;四是食品质量监测控制是管理难点;五是产品功能性和适用性在食品质量安全管理中具有特殊意义;六是食品质量管理始终处于发展过程中,不存在所谓的发展尽头。

食品质量管理的研究方向主要包括四个方面:一是质量管理的基本理论,包括质量管理的普遍规律、基本任务和基本性质;二是食品质量管理的法规与标准,主要由国际组织的食品质量法规与标准、其他国家的食品质量法规与标准和我国的食品质量法规与标准三部分组成;三是食品卫生与食品安全的质量控制,世界卫生组织也将保障食品安全定性为其工作重点和优先解决的问题;四是食品质量安全检测的制度和方法,这是食品质量安全控制体系的重要组成部分。

食品质量管理的研究离不开食品供应链的研究。所谓食品供应链,即 Food Supply Chain,指的是食品的初级生产经营者到消费者各环节的经济利益主体(包括其前端的生产资料供应者和后端的作为规制者的政府)所组成的整体。

第二节　水产品相关理论

一、概念解析

关于水产品的概念,2002 年国家质检总局在《进出境水产品检验检疫管理办法》中对其进行了定义:提供人类食用的水生动物(不含活水生动物及其繁殖材料)及其制品,包括头索类、脊椎类、甲壳类、脊皮类、脊索类、软体类等水生动物和藻类等水生植物及其制品。其中,食用水生动物是指用于食用的活的鱼类、软体类、甲壳类及其他在水中生活的无脊椎动物等。美国食品药品监督局则将水产品定义为以水产为主要成分的人类食品。

养殖水产品通常指的是在养殖水生动物和水生植物的渔业生产活动中获得的水生动物和水生植物产品。

水产品安全通常指的是水产品从养殖阶段到最终消费阶段中间的所有环节都符合国家质量标准和食用要求,不会对消费者的健康状况产生危害,包括可能在远期造成危害的威胁也不被允许存在,所以水产品安全与食品供应链联系非常紧密。

二、水产品市场信息不对称理论

信息不对称指的是在市场经济活动中交易双方对于与交易相关的经济变量信息的掌握程度不一样,导致获得的信息出现差异,双方无法实现信息的完全平等分享,最终导致市场经济运行效率降低和市场失灵现象的发生。1970 年阿克罗夫就曾经指出产品质量的信息不对称会对正常市场交易行为产生消极影响,并以此为基础提出了著名的"柠檬市场"理论。具体到水产品市场来说,关于水产品质量的信息、水产品供求的信息以及水产品价格的信息都普遍存在不对称现象,同时在水产品从池塘到餐桌的各个环节中信息不对称现象也在极大地阻碍着水产品市场的快速健康发展。

信息不对称对于水产品市场的危害是巨大的,具体来说有以下几点:一是会导致质量差的水产品驱逐质量好的水产品出市场,出现逆选择效应;二是不利于提高水产品质量,这是第一个危害带来的必然结果,损害的是水产品生产者、经营者和消费者三方的长远利益;三是道德风险将会随之而来;四是水产品价格风险和竞争风险的发生概率将会大大增加;五是交易成本的上涨成为必然趋势,这会导致水产品市场运行效率的降低。

三、水产品质量管理的外部性理论

外部性理论认为经济活动的外部性分为外部经济性和外部不经济性。外部经济性也称外部正效应,指的是对经济活动中除了交易双方之外的第三人所带来的未在交易价格中反映出来的经济效益。外部不经济性也称外部负效应,指的是对经济活动中除了交易双方之外的第三人所带来的未在交易价格中反映出来的成本费用。

具体到水产品外部性来说,根据表现形式的不同,水产品的外部性特征也不尽相同:以经济效益为出发点,水产品外部性属于外部经济性;以生产领域为出发点,水产品外部性属于生产外部性;

以发展方向为出发点,水产品外部性属于单项外部性;以源头为出发点,水产品外部性属于制度外部性。

四、水产品消费者的消费有限理性问题

新古典经济学通常假设人的行为是完全理性的,但这种理性又不是完整意义上的"完全理性",应当将其定义为"相对有限理性"。诺思认为人的理性之所以是有限理性,主要是因为人们面对的世界是一个不确定的、复杂的环境,人们对这个复杂环境的认识和反应能力都是相对有限的。应当看到,水产品消费者最终购买活动的产生是消费者头脑中有关产品的印象、态度、习惯以及其他多方面因素综合作用产生的结果。在进行水产品交易时,消费者的有限理性会导致其判断上的失误,消费者对于风险的判断与风险的实际发生情况并无紧密关系,平时并不会引起广泛关注的水产品食品安全风险就产生了被低估和忽视的可能性。水产品消费者的"相对有限消费理性"会导致消费者潜在损失等风险的增加。

五、水产品质量安全政府管制分析

政府对于水产品质量安全的外部性问题、信息不对称问题和消费者的相对有限消费理性问题导致水产品食品安全风险的增加具有不可推卸的管制责任,我国水产品质量安全管制情况详见表2-1。

表2-1　我国水产品质量安全管制情况

国民经济行业	管制与否	管制理由	管制手段	主要管制机构
渔业	管制	负外部性	许可、定额、禁令	国家海洋局、农业部渔业局及其下属机构
水产品加工业	管制	负外部性,信息不对称	许可、标准	食品药品监督管理总局、国家卫生和计划生育委员会

（续表）

国民经济行业	管制与否	管制理由	管制手段	主要管制机构
水产品批发业	管制	信息不对称、消费有限理性	审批、许可、专卖	商务部、食品药品监督管理总局
水产品饮食业	管制	负外部性，信息不对称	许可、标准	食品药品监督管理总局、国家卫生和计划生育委员会、国家环境保护总局及下属机构

六、水产品供应链理论

我国 2001 年发布的《物流术语》国家标准将供应链定义为"生产及流通过程中，涉及将产品更新换代或服务提供给最终客户的上游或下游企业，所形成的网络结构"。水产品供应链通常指的是以水产品作为研究对象，以信息流、物流和资金流作为管理内容和管制手段，以水产品各环节市场参与主体之间的利益协调为主要目的，以养殖（捕捞）阶段、加工阶段和市场阶段作为划分层次的一整套水产品运作流程。水产品供应链管理指的是将供应链理论应用于水产品供应链的三个主要阶段，以此来实现推动水产品市场健康发展、保障水产品质量安全的目标。

目前，我国水产品供应链发展比较迅速，但是也存在不少问题，具体来说主要有以下几点：一是水产品物流发展水平较低。水产品对于冷藏、冷冻和保鲜等物流条件有着较高要求，水产品的运输距离、运输设备和水平以及相关物流基础设施建设都对水产品物流配送能力起着决定性的作用。二是水产品供应链各环节的参与主体及主体之间的组织化水平还需要不断发展。加强政府、渔民、企业和行业协会组织之间的协调合作是提高水产品组织化水平的重要途径。三是现代化技术装备水平还有待提高。加工、包装、运输等各个环节的技术装备水平不高已经成为限制水产品供应链可持续发展的技术"瓶颈"。四是缺乏一个统一、公开和完善的信息平台。水产品供应链管理需要良好的信息沟通和共享渠道,而且这个渠道必须满足双向、全方位、多角度的信息传输要求,只有建立一个相对统一、公开和完善的信息平台,水产品供应链管理才能更好地发挥作用。

七、我国水产品食品安全问题的 SWOT 分析

SWOT 分析方法也称强弱危机综合分析法,或者态势分析法,主要就是针对某个问题进行优势(Strength)、劣势(Weakness)、机会(Opportunity)和威胁(Threat)四个方面的具体研究。SWOT 分析法最早是由 Learned 在 1965 年提出的,1971 年 Kenneth R. Andrews 在其著作《公司战略概念》中正式提出 SWOT 战略分析框架的相关概念。SWOT 模型分析能够比较全面地反映企业在发展中的各种影响因素,形式简单但是内涵丰富,不过我们也应当看到,SWOT 分析法也有比较大的时代局限性,而且偏重静态定性分析,比较适合外部环境相对稳定的企业采用。

具体到我国水产品食品安全问题来说,基于对我国水产业内部环境和外部环境的研究,我国水产品质量安全管理的 SWOT 分析详见表 2-2。

表 2-2　我国水产品质量安全管理 SWOT 分析

优势 Strength	自然环境优势,政府政策扶持,巨大的市场潜力,技术优势,资金优势,重视环保
劣势 Weakness	环境污染加剧,渔业投入品管理不科学,水产养殖问题不少,水产品加工管理落后,水产品安全技术标准体系不完善,水产品质量安全保障体系不健全,水产品检验检测体系不健全,水产品政府监管机制有待改进,人才培养机制有待完善

(续表)

机会 Opportunity	水产品市场全球一体化趋势,WTO等国际组织和国际法规框架的保障,安全水产品国际市场潜力巨大,我国国民经济快速发展提供了坚实的物质基础,技术发展创新扩大了安全水产品的发展空间,政府和理论界的日益重视和关注
威胁 Threat	市场对安全水产品的要求越来越高,政府对水产品安全管制越来越严格,针对水产品的检测检疫水平越来越高,绿色贸易壁垒和技术贸易壁垒的存在

第三节　质量管理模型理论

一、PDCA 循环

PDCA 循环,即 Plan(计划)、Do(实施)、Check(检查)和 Adjustment(调整),最早是由美国学者 Walter Shewhart 博士在 20 世纪 30 年代提出的,其核心思想就是以 plan、do、check 和 adjustment 往复循环为措施,对管理过程和工作质量实施有效的控制和管理。在 PDCA 循环的这四个主要阶段内,通常将其具体操作分为八个主要步骤,这八个步骤便构成了 PDCA 循环理论的基本框架,内容详见表 2-3。

表 2-3　PDCA 八大步骤

步骤一:分析现状,找出问题
步骤二:分析各种影响因素或原因
步骤三:确认主要原因
步骤四:制订有针对性的计划或措施

（续表）

步骤五:执行计划
步骤六:检查验证、评估效果
步骤七:总结经验,制定标准化体系
步骤八:将未解决的问题转入下一个 PDCA 循环进行处理

二、OPT

OPT,全称为 Optimized Production Technology,即最优生产技术,最早是由以色列 Eli Goldrat 博士于 20 世纪 70 年代提出的,核心思想就是通过确定生产的"瓶颈"环节,最大限度保证产品整个生产流程的协调性和一致性,保证关键资源的满负荷运转。

三、甘特图

甘特图(Gantt Chart),也称为条状图,最早是由 Henry Laurence Gantt 于 20 世纪初发明的,主要被用作计划和排序,核心思想就是以时间作为横轴、以计划作为纵轴绘制图形,以此来清晰地表明时间与计划的顺序与完成情况。

四、零缺陷管理理论

零缺陷管理理论,即 Zero Defects,是由质量管理大师 Crosbyism 于 20 世纪 60 年代提出的,核心思想就是通过预防系统控制和过程控制实现对于产品质量的零缺陷控制,对于产品质量的标准定义是"符合要求",而不再是笼统意义的"好"等定义,具体来讲包括三个层次的要求,即做正确的事、正确地做事以及第一次就做正确。

五、6σ

6σ,即 6 西格玛,主要用来衡量系统中允许存在的错误的最大值,其要求所有产品的质量合格率要达到 99.999 66%,也就是说每百万件产品允许出现的次品不能超过 3.4 个。6 西格玛的运转包括五大步骤,即 D(定义)、M(测量)、A(分析)、I(改进)、C(控制)。

六、5S 现场管理法

5S, 即 SEIRI(整理)、SEITON(整顿)、SEISO(清扫)、SEIKETSU(清洁)和 SHITSUKE(修养),是一种可以帮助企业进行优化产品质量管理的重要工具,最早是由日本丰田公司发明的,其核心思想是消除浪费和产品质量预防管理。5S 的有效运转是以提升人员品质来实现的,有利于企业进行产品质量安全和标准化生产管理工作的开展,保障企业健康稳定发展。

七、全面质量管理理论

全面质量管理,即 Total Quality Management(TQM),起源于20 世纪 40 年代,随着生产质量控制理念的深入逐渐兴起,GB/T6583－1994中的标准条款3.7对其的定义为"一个组织以质量为中心,以全员参与为基础,目的在于通过让顾客满意和本组织所有成员以社会收益而达到长期成功的管理途径"。全面质量管理理论的核心内容包括四个方面,一是产品设计过程中的质量管理,二是产品生产制造过程中的质量管理,三是辅助过程中的质量管理,四是产品使用过程中的质量管理,核心要素包括结构、技术、人员和变革推动者,核心观点是产品质量管理必须以预防和改进为主,要求必须从根源处进行产品质量的控制与管理。

八、朱兰三部曲

朱兰三部曲是美国著名学者 Joseph Moses Juran 博士质量管理理论的核心,核心思想是将产品质量管理分为质量策划、质量控制与质量改进三个过程。其中,质量策划阶段主要是设定产品质量与客户目标,研究客户需求,将计划转入实施阶段;质量控制主要是对实际绩效与质量目标进行评估,确定是否存在差距以及对差距进行准确定位;质量改进主要是对差距实施有针对性的改进措施计划。

九、品管圈理论

品管圈理论,即 QCC,全称为 Quality Control Circle(品质管制圈),属于全面质量管理中的一个环节,核心思想是通过改善工作环境与合理调动人力资源(包括人员、物料、设备、环境和计划等要素),实现改善企业运行状况和提高产品质量的目的,其包括现场型、攻关型、管理型、服务型和创新型五种类型。

第四节　农产品品牌理论

一、农产品品牌的内涵和分类

农产品品牌就是以农产品作为物质载体,以品牌文化和品牌形象作为存在方式,通过品牌赋予农产品以特殊价值表现形式,本质上就是农产品生产经营企业与消费者互动关系相互作用产生的结果。

以品牌使用范围作为分类标准,广义上的农产品品牌可以分为狭义的农产品品牌、农产品企业品牌和农产品区域品牌。以法律表现形式作为分类标准,农产品品牌可以分为普通商标、证明商标和集体商标。

二、农产品品牌特性分析

第一,自然条件是农产品品牌赖以生存和发展的物质基础和外部环境。"看天吃饭"依然是当前农业生产中难以克服的"瓶颈",而且土壤、水质、空气、温度和湿度等因素的变化都可以直接影响农产品的品质和质量,而农产品的品质正是打造农产品品牌的物质基础,如西湖龙井茶叶,其独特的生长环境造就了西湖龙井茶在口感、香气以及色泽上的与众不同。法国的葡萄酒举世闻名,但就算是同一种品牌、同一系列的红酒,年份不同,口感乃至价格也不尽相同,究其原因,无非就是由于每个年份的日照、环境、栽培等因素的差异导致葡萄品质不同,由此酿造的红酒品质自然不同,价格方面也就分出了层次。

第二,食品安全性是农产品品牌建立和发展的关键要素。农产品最重要的一项功能就是能够满足人们对于食品的基础性需求,在解决了温饱问题之后,下一步自然就是对于健康和口味等方面的精益求精。由于农产品很重要的一个属性就是可食用性,因此食品安全管理在农产品品牌建设过程中必须占据关键位置。三鹿奶粉三聚氰胺事件导致三鹿这个奶粉业巨头一夜之间土崩瓦解,更为严重的是给众多信赖三鹿奶粉品牌的家庭带来了灾难,经济赔偿也好,追究相关责任人的刑事责任也好,对受到伤害的家庭和孩子,对三鹿奶粉品牌,都已经造成了难以弥补的后果。

第三,农产品品牌创建主体具有多元性特点。一般工业品的品牌创建主体多为生产经营企业,而农产品品牌创建主体可以是从生产环节到物流和销售环节中所有参与农产品品牌建设的组织和个人。我国农业生产具有规模小、分散性强的特点,传统农户在管理水平、生产规模、产业化水平和农产品营销方面都有很大的劣势,因此农户在农产品品牌建设方面起到的作用微乎其微,但是打造农产品品牌离不开农户,因为农户还是作为农产品的基本生产单位而存在,属于农产品生产流程的第一道管理者。政府在农产品品牌建设方面的作用可以归结为三方面:一是政府要通过法律来保障注册商标的合法权益,对假冒伪劣、以次充好等扰乱市场经济秩序的行为进行取缔;二是政府要对受原产地保护或地理标志保护的农产品加大保护力度;另外,政府及其授权机构要对无公害农产品、绿色食品和有机食品等质量认证管理本着实事求是、认真负责的态度,保证农产品质量安全认证制度有效运转。但是政府毕竟不是市场经济的竞争主体,不具有自主意识,不能参与到完全的市场竞争中,更不可能直接参与到农产品品牌建设过程中来,所以政府在农产品品牌建设中所起到的作用主要是提供一个平台,一个法制化的平台,一个可以提供带有公信力的质量保证的法制化平台。

第四,农产品品牌存在明显的外部性特征,包括正外部性特征和负外部性特征。农产品品牌价值的外溢性导致品牌保护相对比较困难,产品和品牌边界很难确定,一荣俱荣现象便产生了,于是"顺风车"就成为许多在市场竞争中处于落后地位的企业分割市场份额的一条捷径,如伊利集团打造的"草原"品牌概念被许多其他企业借鉴,相继启用带有草原特征的品牌来进行宣传,无形中削弱了伊利品牌产品的市场影响力。一荣俱荣的现象存在,一损俱损的状况也是时而有之的,一旦搭顺风车的品牌农产品出现负面问题,被搭车的农产品品牌形象自然也会受到影响,于是农产品品牌的负外部性特征就体现出来。

第五,农产品品牌形象具有复合性特点。广义上的农产品品牌包括农产品区域品牌、农产品商业品牌以及无公害农产品、绿色食品和有机食品等质量认证标志,上述品牌形式都是农产品品牌形象的组成部分。

第六,农产品品牌建设过程具有艰难性特点。由于农产品具有相当程度的同质性,所以传统经济学理论有观点认为农产品市场是接近于完全竞争市场的一种市场结构,理由很明显,那就是产品同质化,竞争者众多。但是,现实中农产品不可能完全实现同质化,所谓的同质化现象只是在买卖双方信息不对称的情况下,消费者陷入选择盲区而被迫造成的一种同质化的假象,这就必然会导致农产品品牌建设难度的增加。同时,由于受自然环境以及生产环境的束缚,扩大生产规模具有较大难度,而规模化生产正是打造农产品品牌的重要条件,规模效应打了折扣,农产品品牌建设的难度可想而知。另外,当前的技术装备水平已经成为限制农产品产业化发展的技术"瓶颈"，由于农产品具有较强的地域性和不易保存的运输性，如何储藏、保鲜和运输便成为农产品流通领域的难题，农产品的辐射半径也会因此受到影响。最为关键的是初级农产品和初级加工农产品的产品附加值和价格需求弹性较低，生产周期性特点明显，所以农产品品牌建设是一个长期的过程。

第三章 发达国家水产品管理的经验和启示

第一节 世界海水养殖业发展概况和发展趋势

一、世界海水养殖业发展概况

第二次世界大战结束以后,世界经济进入一个相对稳定的发展时期,虽然局部地区小状况不断,但是和平与发展一直是世界发展的主题。

1950年以来海水养殖业也经历了一个迅速发展的过程,根据联合国粮农组织的数据资料显示,从1950年到1959年这10年间淡水养殖业产量增加量为66万吨,而海水养殖业产量增加量为59万吨;然而从2000年到2007年这8年时间内,淡水养殖业产量增加量为1056万吨,海水养殖业产量增加量则达到了1289万吨,可以说进入21世纪后世界海水养殖业的发展速度超过了淡水养殖业,而这也是世界蓝色经济发展的重要内容之一。

根据联合国粮农组织的数据资料显示,以海洋捕捞业作为参考对象,海水养殖业的发展更为迅速。相比海洋捕捞业,海水养殖业对于现代经济发展的贡献更大,发展潜力也更大,1950年以来两者产量的平均增长速度详见表3-1。

表 3-1 世界海水养殖业和海洋捕捞业产量平均增长速度

单位:%

时间(年)	海洋捕捞业	海水养殖业
1950～1959	5.46	7.77
1960～1969	5.46	3.97
1970～1979	0.57	5.48
1980～1989	2.83	7.97
1990～1999	0.62	9.05
2000～2007	－0.59	4.33

资料来源:联合国粮农组织 Fishstat Plus。

第二次世界大战之后发展中国家海水养殖业平均发展速度远远超过发达国家,对世界海水养殖业的发展贡献了巨大的力量,到2007 年发展中国家海水养殖业产量占全球海水养殖业总产量的比重已经接近九成。发达国家和地区海水养殖业由于各种外部环境和内部因素导致发展较为缓慢,发展速度一直落后于发展中国家。发达国家和发展中国家海水养殖业发展概况通过表 3-2、表 3-3 和表 3-4 可以比较直观地体现出来。

表 3-2 发达国家、发展中国家和最不发达国家或地区
海水养殖业产量平均增长速度

单位:%

时间(年)	发达国家或地区	发展中国家或地区	最不发达国家或地区
1950～1959	6.96	19.25	10.98
1960～1969	3.84	8.28	11.21
1970～1979	3.64	10.49	10.83
1980～1989	3.44	7.64	12.53
1990～1999	3.35	10.78	12.79
2000～2007	1.24	4.76	4.75

资料来源:联合国粮农组织 Fishstat Plus。

表3-3　发达国家、发展中国家和最不发达国家或地区海水
养殖业产量及其占世界海水养殖业总产量的比重

单位:万吨,%

年份	发达国家或地区		发展中国家或地区		最不发达国家或地区	
	产量	比重	产量	比重	产量	比重
1950	27.56	82.75	5.73	17.19	0.02	0.05
1960	61.49	57.10	46.15	42.85	0.06	0.05
1966	78.36	48.23	83.99	51.70	0.12	0.07
1970	105.67	49.89	105.93	50.02	0.20	0.09
1980	163.06	34.20	313.08	65.67	0.62	0.13
1990	233.02	26.62	639.78	73.09	2.50	0.29
2000	319.50	14.28	1908.58	85.32	8.76	0.39
2007	361.56	10.59	3037.13	89.00	13.94	0.41

资料来源:联合国粮农组织 Fishstat Plus。

表3-4　世界主要国家或地区海水养殖业产量和排名

单位:万吨

国家或地区	1950	1960	1970	1980	1990	2000	2007
德国	0.64(6)	1.3(8)	1.0	1.1	2.1	2.4	1.1
中国台湾地区	1.9(5)	3.4(5)	4.8(9)	6.4	15.8(10)	10.1	13.8
马来西亚	0.35(7)	0.6(9)	3.2(10)	12.2(8)	4.3	11.7	13.8
意大利	0.02	0.1	1.4	5.1	11.2	16.8(10)	13.9
美国	5.7(3)	9.7(4)	13.1(4)	9.1(9)	8.1	13	17.4
法国	10.3(1)	10.8(3)	9.6(6)	18.2(6)	21(6)	21.3(9)	19.6
西班牙	0.21(9)	0.48(10)	15.3(3)	19.5(5)	18.3(9)	27.6(8)	25.1
朝鲜	0.06(10)	0.4	7(7)	34.4(4)	89.5(3)	46.4(7)	50.43(10)
越南	0.06(10)	0.1	0.2	0.8	4.1	14.5	58.5(9)
挪威	—	0.2	0.1	0.8	15.1	49.1(5)	83(8)
智利	0	0	0	0.2	6.7	42.4	85.3(7)
泰国	2.1(4)	2.5(6)	6.1(8)	5.8	19.4(8)	46.7(6)	88.3(6)
日本	6.7(2)	29.6(2)	54.9(2)	99.2(2)	127.3(2)	123.1(2)	123.7(5)
韩国	0.24(8)	1.8(7)	12.4(5)	54.4(3)	77.3(4)	65.4(4)	137.8(4)
菲律宾	0.02	0.1	0.4	14.6(7)	37.6(5)	78.9(3)	166.9(3)
印度尼西亚	0	0	0.5	6.7(10)	20.7(7)	34.6(8)	206.7(2)
中国	1(6)	37.1(1)	71.2(1)	175.9(1)	349.4(1)	1524.2(1)	2139.6(1)

注:本图表仅对产量前十位的国家或地区排位,括号内数字为全球产量排名。

资料来源:联合国粮农组织 Fishstat Plus。

二、世界海水养殖业发展趋势

第二次世界大战后,发达国家海水养殖业发展速度虽然落后于发展中国家,但是其先进的科技创新体系、管理理念、技术装备水平和充足的资金实力却是发展中国家望尘莫及的,而且发达国家海水养殖业也代表着世界海水养殖业的发展趋势。具体来说,现代海水养殖业的主要特征有以下几个方面。一是技术水平不断提高。科技是第一生产力,通过科技创新开发新技术应用于海水养殖业是未来主要的发展趋势,以生物技术和细胞技术为代表的高新技术都是促进现代海水养殖业向技术密集型产业过渡的催化剂。二是集约化程度高。传统海水养殖业粗放的经营管理模式已经不适应现代经济和市场的发展需求了,相对而言集约化发展是未来的发展趋势,包括工厂化养殖、深水网箱养殖和自动化、智能化管理等都能以较传统海水养殖业更少的空间、更少的生产和人工成本、更低的环境污染、更高的生产效率推动海水养殖业工业化发展。三是产业化组织程度要求较高。产业化发展是现代海水养殖业的另一个明显趋势,包括产前、产中和产后各个环节的产业化组织程度不断提高给海水养殖业的发展注入了强大的动力,对于供应链各环节之间的交易成本控制能够起到很好的促进作用。四是可持续发展是必由之路。海水养殖业对周边海洋环境造成的污染越来越引起社会各界的重视,应当建立以生态环境保护为基础的绿色健康海水养殖模式,形成海水养殖业发展和环境保护的良性循环。

第二节　美国的水产品食品安全管理

美国政府非常重视食品安全管理,对建立健全食品安全管理体系一直不遗余力,当然也包括水产品食品安全管理。虽然美国海水养殖业在 1990 年以后就无法进入世界海水养殖产量排名前十的国家行列,但是这丝毫不影响我们学习和研究美国先进的水产品食品安全管理机制。

一、美国水产品食品安全管理体系

联邦食品和药品监督管理局(FDA)是美国联邦政府的公共卫生管理机构,隶属于美国卫生和公共服务部(DHHS),共设有食品管理中心、药物管理中心、生物管理中心、医用器具管理中心、兽医管理中心等数个单独的部门。美国除了肉类和家禽类以外几乎所有本土的以及全部进口农产品的卫生安全监控和检测工作都是由联邦食品和药品监督管理局负责。同时该局还对水产养殖药品投入品问题进行了规定,对所有动物源性产品要抽查检测221类药物残留,并且将包括氯霉素在内的10种药品投入品列入了禁止名单。该局也对进口水产品的药残标准进行了严格的规定,尤其是对一些关键致病菌的限量指标作了明确的规定。

美国农业部(USDA)是行使农产品食品安全管理和行政执法职能的主要单位,农产品食量安全标准、检测与认证管理等相关工作都由该机构负责。美国农业部下设机构包括:一是食品安全检验局(FSIS),主要负责美国各种食品残留的相关检测工作、肉类和家禽类农产品食品安全监管工作以及针对联邦政府食用动物产品安全法规的监督执行;二是农业科学研究院(ARS),主要负责各种研究项目,如水土保持、农产品综合利用、动植物品种改良和人类营养研究项目;三是动植物卫生检疫局(APHIS),主要负责动植物及其制品的检验检疫、植物产品的出口认证和审批、转基因植物和微生物有机体的移动以及动植物疾病风险评估等工作;四是农业市场服务局(AMS),主要提供检验和分级服务,对新鲜农产品分级复查,并且在食品质量分级方面负责与其他主要部门联络等。

国家海洋渔业局(NMFS)是联邦商业部的下设机构,主要负责义务性水产品检验检测和制订等级计划。国家海洋与大气管理局(NOAA)创建于1970年,也是商业部的下设机构,主要致力于海洋生物资源的相关研究,同时负责水产品质量安全检测技术培训和水产品质量检测相关工作,当然,这些服务都不是免费的。

联邦环境保护局(EPA)主要负责对农药残留和有毒化学物等相关问题进行管理,如制定农药残留量标准和相关法规,农药生产、销售许可证的颁发与管理也由该机构负责。

二、美国水产品食品安全法律法规体系

《美国联邦法典》(CFR)是美国联邦政府颁布的重要法规,其中第 21 章对有关食品生产、包装和贮存的良好加工规范(GMP)进行了规定,第 9 章对政府和企业在食品安全管理中各自的职责与定位进行了规定,强调企业的主要责任就是保证所生产食品的安全性,政府的主要责任是完善食品安全标准体系、建立健全食品安全检验检测机制以及提高食品安全行政执法水平。

美国联邦食品和药品监督管理局制定的《水产和水产品加工和进口的安全与卫生程序》主要是对水产品与 HACCP 有关的内容进行了规定,该法规从 1997 年 12 月 18 日开始全面生效,该法规的第一部分对 GMP、SSOP 和 HACCP 原理的相关内容进行了规定。需要注意的是,一方面该法规对水产品加工环节中的一些关键因素进行了规制,如负责制订和修改 HACCP 计划的人员必须受过 HACCP 系统的专业培训;另一方面该法规对进口水产品强制要求实施 HACCP 控制,以期保证进口水产品食品安全风险始终处在 HACCP 体系的控制之下,严格控制进口水产品的质量安全。对水产品加工和水产品进口强制推行 HACCP 体系是该法规对推动 HACCP 发展作出的巨大贡献,同时也极大地促进了水产品食品安全管理体系的发展。

美国联邦食品和药品监督管理局颁布的《食品法典》针对员工健康和企业管理提出了一定的要求,通过对企业生产环境,如车间、机器设备、安全生产防护等方面的规定和对企业生产、管理人员的保护来实现降低食源性疫病的目标。

美国联邦食品和药品监督管理局颁布了《2002 年公众健康安全和生物恐怖准备与反应法》,该法规要求美国本土和向美国出口

的外国食品及饲料从生产到运输各个环节的企业都必须在美国联邦食品和药品监督管理局登记备案,未进行相关注册手续的外国食品和饲料将被视为问题产品,海关等部门有权将其查扣。这一法案的实施将美国的进口食品管理工作推向了一个高度,预示着所有与美国有食品方面国际贸易的企业,尤其是向美国出口食品的企业将面临更为繁琐的审批、备案手续和更为严格、全面的监控。可以说这是为了食品反恐工作的顺利展开,当然,也可以理解为对进口食品进行更为严格的管理和控制,这一点对当前我国社会发展有很强的借鉴价值,尤其是在我国进口食品频频出现食品安全问题的情况下更应当引起我们的注意。

第三节　日本的水产品食品安全管理

一、日本水产品相关法律法规体系

2003 年日本出台了《食品安全基本法》,该法是日本保障食品安全管理的基础性法律文件,明确了从农场到餐桌所有环节的完整的食品安全保障概念,对政府和各个市场参与主体的职责进行了规定,并且对风险分析的重要性进行了强调。在《食品安全基本法》的基础上,日本又相继出台了其他配套法律法规文件以完善食品安全法律法规体系,水产品食品安全法律法规体系自然也包含其中。目前,日本主要有《食品卫生法》、《药事法》、《饲料安全法》、《农林物质及质量标识标准化法》、《兽医师法》、《可持续养殖生产确保法》等食品安全法律法规文件。《农林物质及质量标识标准化法》也称 JAS 法,主要对水产品外形、重量和包装标准以及生鲜水产品和加工水产品质量标识制度进行了规定。《食品卫生法》也对水产品标识进行了一些规定,包括"消费期限和品位期限"标识和基于《计量法》的"容量"标识的规定。《食品卫生法》主要对食品农药、兽药和饲料添加剂残留标准作出了规定。《可持续养殖生产确保法》经过了 6 次修改,其目的是确保养殖业的可持续发展及水产品的稳定和持续供给,以及加强对水产品生产源头的安全生产法律规制。现行的《药事法》于 2008 年开始实施,依据该法农林水产省出台了《水产养殖药物使用规定》,主要对各种养殖水产品的用药事宜进行了规定。现行的《饲料安全法》于 2007 年开始实施,该法对各种水产品饲料和饲料添加剂的使用时间、使用场所、投放对象以及投放数量进行了规定,与此同时还将生产饲料和饲料添加剂的企业纳入法律的规制范围。

二、日本海水养殖产品可追溯体系

《食品安全基本法》赋予了日本政府制定食品可追溯标准体系和相关法律法规的权力,于是日本借助 DNA 技术和 RFID 无线识别技术等手段首先建立起了肉牛可追溯体系,之后逐渐普及到其他农产品,当然也包括水产品。其实,2002 年日本建立水产品可追溯体系的准备工作就已经开始,通过将良好农业规范、HACCP 和 ISO22000 食品安全管理国际标准等规范纳入可追溯体系范围内,逐步建立起了水产品食品安全可追溯体系,目前日本主要有贝类、养殖鱼类和紫菜类三种食品安全可追溯体系。水产养殖业对于质量安全管理的控制相对捕捞业来说比较容易,而且消费者普遍对养殖水产品食品安全问题比较关心,因此水产养殖业可追溯体系充当了食品安全可追溯体系的先头部队。

日本目前的可追溯体系主要是依靠市场参与主体的自主积极性,具体操作也是由各主体自主进行。在海水养殖产品领域,养殖户和水产批发公司在可追溯体系中扮演着重要作用。养殖户一方面负责养殖过程中各种信息的记录和管理,制定包括养殖环境标准、苗种标准、饲料和药品标准在内的养殖基本标准,另一方面还要对具体的养殖操作过程进行记录说明,以此来建立海水养殖产品履历数据系统,并且将这些数据提供给水产品批发公司。水产批发公司则要求有合作关系的养殖户建立养殖履历数据系统,将这些数据进行统一储存和管理,或者由养殖户自行建立履历数据系统并且自主管理,当出现质量问题时,公司负责向养殖户问询相关养殖数据信息。有关养殖过程相关环节的履历数据系统都会汇集成资料库,以此形成消费者可以查询的有关海水养殖产品质量信息的记录。

三、日本水产品区域品牌建设

2006 年日本区域品牌团体商标登记制度开始实施,这意味着日本水产品区域品牌建设迈出了重要的一步。日本为了提高水产品国际竞争力,提升水产业发展水平,一直不遗余力地推进水产品区域品牌建设和水产品品牌化经营。

在法律支持方面,日本对农业知识产权专利的法律规定比较完善,涉及农产品的知识产权主要包括农产品生产技术发明专利和辅助产品的发明、实用新型和外观设计专利权两部分,此外商业秘密也会受到农业知识产权法律的保护。2006 年日本农林水产省制定了"知识产权战略",旨在通过资金补贴和政策扶持等方式促进日本农产品区域品牌发展。日本专利厅 2005 年通过修改《商标法》将地区团体商标制度确立下来,自 2006 年 4 月实施以来,截至 2012 年 12 月,已经有约 500 件注册成为地区团体商标,其中农林水产品和食品已经占到半数以上,注册成功的水产品地区团体商标也有 40 多种,几乎涵盖了所有水产品品种,其中既包括生鲜水产品,也包括加工水产品。

在政府支持方面,农林水产省通过财政补贴等方式对农产品区域品牌建设项目提供支持,地方各级政府也因地制宜地支持各自地区区域品牌建设,提供相关咨询和政策扶持。农林水产品区域品牌协会的成立也为水产品区域品牌发展提供了很好的平台,该机构由农林水产省和企业共同建立和运营。

四、日本水产品质量认证制度

2003 年,日本修订《食品安全法》和《食品卫生法》,正式确立了HACCP 认证制度,日本厚生劳动省也将 HACCP 认证明确为食品认证体系的重要组成部分。农林水产省是进行农产品质量认证管理的主要行政机构。但日本食品认证并不是强制性的,而是依靠食品企业自愿进行,如果食品企业主动进行食品认证,可以到以下三种机构来进行,一是国家食品监管机构指定的认证机构,二是地方政府指定的认证机构,三是经过政府审批注册的独立认证机构。

目前,日本针对水产品食品安全的全国性认证制度主要有HACCP、ISO22000、《农林物质及质量标识标准化法》,地方政府也对水产品食品安全认证制度"情有独钟",具体操作业务由地方政府委托有资质的中介机构来负责。

五、日本水产品检验检测体系

日本农林水产省建立了一个较为完善的水产品质量安全检验检测体系,主要负责水产品的质量检测、风险评估以及市场准入和监督检验工作。为了更好地进行水产品质量安全检验检测管理,日本农林水产省建立了一个独立的行政法人组织(农林水产消费技术中心)来负责农产品(包含水产品)质量安全检验检测和风险评估工作。

六、日本水产品食品安全"110"报警制度

日本政府和老百姓非常重视水产品食品安全问题,专门设立"110"紧急报警系统,不仅仅是农林水产省,各地方政府也都纳入到了水产品食品安全"110"报警系统中,消费者如果遇到水产品食品安全方面的问题可以直接拨打"110"来寻求政府帮助。

七、日本水产品加工零排放发展

水产品加工零排放追求的是将工业加工活动造成的污染程度降至最低状态,主要包括对水产加工排放废水的处理和水产加工废弃物的综合再利用等。日本2000年颁布的《循环型社会形成基本法》将零排放社会列为日本社会的发展目标。2002年正式成立了日本水产零排放研究会,对于促进水产品加工零排放起到了很

好的促进作用。

第四节　韩国的水产品食品安全管理

韩国《宪法》规定："国家保护、发展渔业，保护农、渔民利益，保障农、渔民的自主活动和发展，援助农、渔村综合开发。"韩国负责水产品监管的行政机构主要包括国家食品安全政策委员会、农林水产食品部、食品药品管理厅以及各地方政府机构。

渔业生产面临的作业环境决定了其具有高投入和高风险的特点，自然灾害和意外事故的发生概率相对较高，生产活动极易受到影响，渔民在面对重大自然灾害和安全事故时处于绝对弱势地位，针对这种情况渔业保险制度提供了一条有效的解决途径。韩国渔业保险制度起步比较早，渔业保险体系设置比较合理，对渔民和水产养殖的保险都有所涉及，渔业保险能够将渔业风险进行转移，从而降低养殖户的生产和风险压力。韩国政府一般会通过税收杠杆、财政补贴、再保险分摊以及建立巨灾风险基金等手段来促进渔业保险制度的健康稳定发展。目前，韩国针对渔业保险制度的法律法规主要是《渔船员及渔船灾害补偿保险法》和《养殖水产品灾害保险法》。

需要注意的是，设立巨灾保险基金的初衷是为了防止因重大自然灾害导致渔业保险赔付出现困难，当重大灾害导致保险人无力赔付保险金的情况发生时，政府将会支付超额保险金来承担最后的保险风险，从而更好地维护渔民的利益，促进渔业保险市场的稳定发展。韩国政府为此专门设立了水产养殖灾害保险基金，该基金主要由5部分组成，详见表3-5。基金由农林水产食品部长负责日常管理和使用，为了保证该基金的使用及管理透明化和公开化，韩国银行为此设立了专门的基金账户，为保证基金运作更加有效，按照规定可以将部分业务委托给指定的基金受托管理人，根据《养殖水产品灾害保险法》，农林水产食品部长在指定管理人时，需要将相关信息（包括管理人的称号、地址、代理人和委托的主要业务种类）进行公示和告知,韩国农林水产食品部长将"农业政策基金管理团"指定为水产养殖灾害保险基金受托管理人。

表3-5 韩国水产养殖灾害保险基金组成

原保险人缴纳的保险费
政府、政府以外的其他基金的捐款
再保险的摊回赔款
资金的运用收益和其他收入
农林水产食品部长认为有必要使用基金时,若资金不足可以从金融机关、其他基金或其他会计借入资金

第五节 挪威的水产品食品安全管理

挪威岛屿众多,不管是经济发展还是社会发展,对于海洋的依赖性都非常高,水产养殖业和水产加工业的发展都取得了较大成就,可以说挪威水产品享誉世界。在法律法规方面,针对水产品食品安全管理的主要有《有关鱼类孵化养殖场的构造、装备、建立和扩建条例》、《药物使用法》、《鱼病防治法》、《鲜鱼法》和《渔产品质量法》等。挪威渔业部则是水产品食品安全管理的主要行政机构,主要负责挪威海洋捕捞、水产品养殖和水产品贸易等产业的行政管理,具体机构设置详见表3-6。除此之外,挪威对于水产养殖业实行严格的许可管理制度,没有养殖许可证的企业和个人是无法从事水产品养殖业务的。此外,对水产养殖规模的控制还会对养殖水域的环境保护产生积极的作用,如对于养殖密度、养殖用药种类和用量的控制能够有效减少水产养殖造成的环境水域污染。挪威对于水产品养殖业的用药问题也很重视,政府要求严格控制抗生素的使用,挪威疫苗普及率高达 80%～90%。

表 3-6　挪威水产品质量安全管理体系

法律法规体系		
行政管理体系 （挪威渔业部）	海岸局	
	渔业管理局	
	海洋研究所	
	营养和水产品研究部	
	渔民保证基金会	
	水产品出口委员会	
执法体系	食品安全局	
	海岸警备队	

第六节　发达国家水产品食品安全管理的启示

一、建立健全水产品食品安全法律法规体系

建设法治国家、走依法治国道路是人类社会发展的必然趋势,也是我国海洋渔业发展的必由之路,应当坚持做到"有法可依、有法必依、执法必严、违法必究"。其中"有法可依"是依法治国的基础,只有在法律法规相对健全的情况下才能为接下来的"有法必依、执法必严、违法必究"提供制度基础。对于水产品食品安全管理来说,将其纳入法制轨道可以起到事半功倍的效果。美国、日本和欧盟等发达国家和地区法律法规体系都相对比较健全和完善,水产品食品安全法律法规体系亦然,这一方面可以为水产品食品安全管理提供依据和各种相关质量标准,另一方面也可以对水产

品食品安全问题的处罚措施进行明文规定。我国应当提高对水产品食品安全法律法规体系的重视程度,立法机构应当加快立法和修订现行法律法规的速度和频率,司法解释和实施细则等配套文件也要及时发布和更新;法律理论界应当加强水产品食品安全法律法规方面的理论研究,为政府提供立法和修改法律法规的理论依据;消费者应当重视和学习水产品食品安全法律法规问题,积极参与到水产品食品安全管理中来,学会运用法律武器来保护自身利益,打击危害水产品食品安全的行为。

二、建立完善的水产品食品安全行政管理体系

第一,要建立符合经济发展要求的水产品食品安全管理机构。我国目前水产品食品安全行政管理机构存在着交叉管理、多头负责等问题,一方面会造成行政资源的严重浪费,另一方面也会造成某些管理空洞区,"踢皮球"现象将不可避免地产生,根据发达国家的先进经验,应当建立相对统一的水产品食品安全管理机构,避免资源浪费和管理混乱现象的出现。第二,应当建立行政管理机构之间的沟通协调机制。水产品食品安全管理涉及很多环节,不可能完全由一个专门的行政机构负责,所以机构之间的沟通协调机制必须有效运行,信息沟通必须有一个良好、通畅的传输渠道。第三,必须建立完善的行政执法体系。一方面要提高行政执法人员的管理水平和个人素质,改善目前部分公务员的负面公众形象;另一方面要提高行政执法效率和技术装备水平,水产品食品安全管理对于水产品检测技术装备水平的依赖性非常高,必须采取措施,切实提高水产品行政执法效率和技术装备水平,为确保水产品食品安全作出应有的贡献。

三、重视水产品养殖海域环境保护

水产养殖对渔业水域造成的环境污染问题已经越来越引起世界各国的重视,我国要坚持走渔业可持续发展道路,在促进水产养殖业发展的同时,不能忽视环境保护。一方面要走健康养殖发展道路,改变粗放养殖模式;另一方面要加强对水质环境的监测和治理强度及水平,及时对环境污染采取应对措施。这是一个良性循环,走水产养殖可持续发展道路,采用健康养殖模式,可以对环境保护起到很好的促进作用,环境污染得到控制了,养殖水域的水质环境肯定更加优良,对于养殖水产品的质量安全也是一种外部保障。

四、加强宣传,提高全社会的水产品食品安全意识

保障水产品食品安全,不仅仅是政府和水产养殖、加工企业的责任,更是全社会的责任。政府应在提高水产品食品安全行政管理水平的同时,加强对水产养殖户、水产企业、普通企业和普通消费者的食品安全宣传教育。对水产养殖户加强健康养殖模式的宣传教育,鼓励推行标准化养殖和健康养殖模式;对水产企业加强食品安全和标准化生产的宣传教育,提高企业食品安全意识,加强对食品安全的企业自查管理,从源头上切断食品安全风险渠道;对普通企业加强环境保护宣传教育,为水产养殖提供一个良好的养殖环境;对普通消费者加强食品安全方面的宣传教育,普及食品安全常识,鼓励消费者参与到食品安全管理中来。

五、建设水产品科技支撑体系

对水产品食品安全管理来说,科技是提高水产品养殖、加工、运输、储藏、销售和食用等所有环节食品安全管理水平的原动力。水产品养殖阶段需要科技创新,包括渔药、苗种、养殖技术和设备等在内的养殖环节对于科技创新的依赖性越来越强;水产品加工阶段科技创新对于生产设备和生产技术的提高能够很好地促进水产品食品安全生产,提高水产品质量;科技创新对于水产品运输和储藏绝对是福音,鲜活水产品的运输和储藏对于技术和装备有很高的要求,只有通过科学技术创新才能从根本上提高水产品运输和储藏阶段的食品安全;水产品检验检测也需要科技创新,只有通过创新提高水产品检验检测技术装备水平,才能为水产品食品安

全增加有效的保障。

六、建立水产品可追溯体系

食品可追溯机制在发达国家已经不是什么新鲜的事物了,包括水产品在内的食品安全可追溯机制能够很好地保障食品安全。我们应当建立健全水产品食品安全可追溯体系,鼓励企业建立食品可追溯履历系统,制定合理的可追溯机制标准,逐步将食品可追溯体系涵盖的食品种类范围扩大,并且从法律法规方面对水产品食品安全可追溯机制进行规定,将食品安全可追溯机制纳入法律的调整范围。

七、加强标准化建设,确保水产品食品安全

养殖标准化、加工标准化和物流标准化建设是提高水产品食品安全系数的重要保证,只有切实推进渔业标准化建设,才能确保水产品和水产加工品的平均质量能达到安全标准,降低食品质量风险的发生概率。我们应当对渔业标准化建设引起足够重视,加快制定水产品养殖、加工和物流标准操作规范,加速标准化海水养殖基地建设。

第四章　中国海水养殖产品食品安全概况

第一节　中国海水养殖业发展历史和现状

中国是个农业大国，海水养殖业也具有悠久的历史，但是长期以来一直处于看天吃饭，看海收渔的阶段，当然，这也受制于历史社会发展水平，与同时代世界其他国家海水养殖业相比，中国并不落后。新中国成立后，我国海水养殖业发展大致经历了四个发展阶段，即"起步期"、"徘徊期"、"发展期"和"成熟期"。

起步期大概是从 1950 年到 1958 年，1949 年之前我国已经经历了 100 多年的半封建半殖民地社会，辛亥革命虽然推翻了 2 000 余年的封建统治，但是也开始了 30 多年的军阀割据混乱时期，所以新中国成立前的中国海水养殖业几乎是停滞不前的，新中国成立后百废待兴，海水养殖业也进入了所谓的"起步期"。从 1950 年开始我国对海带筏式养殖、夏苗培育和外海施肥等问题进行了有针对性的技术攻关，尤其是海带养殖技术在这期间取得了突破性进展，根据 FAO 的统计数据，我国 1958 年海水藻类养殖产量达到了 3.8 万吨，只不过受制于技术水平和管理水平，产量规模并不是太稳定。

徘徊期大概是从 1959 年到 1976 年，由于众所周知的历史原因，我国海水养殖业在这段时间遭遇困难，生产停滞、科研受阻、体制落后等问题逐步暴露出来，严重制约了我国海水养殖业的发展，同时期发达国家，尤其是一批新兴发达国家却在飞速发展，可以说

50

年轻的共和国在初期遇到了比较大的坎坷。但就是在这样的形势下,我国海水养殖业还是取得了一些成绩,1976 年我国海水养殖业总产量已经达到了 52 万吨,超过了 1959 年全国总产量的 1.83 倍,并且在此时期我国一跃成为紫菜生产大国,所以即便处在徘徊期,我国海水养殖业也是在艰难中取得了一些进步。

发展期大概是从 1977 年到 1991 年,改革开放之后,中国经济插上了腾飞的翅膀,海水养殖业也以比较快的速度发展起来,养殖产量、养殖面积、养殖技术等都取得了比较大的发展,也就是在这一时期,环境污染日益严重,环保问题逐渐出现在公众的视野中。根据农业部渔业局的统计数据,1991 年我国海水养殖总产量达到了 333.3 万吨,超过了 1977 年总产量的 3.5 倍。1986 年《渔业法》出台,标志着我国海水养殖业正式进入法律时代。

成熟期大概是 1992 年至今,这一阶段我国海水养殖业发展远远领先世界其他国家,无论是养殖规模还是养殖面积都处于高速增长阶段。根据《中国渔业年鉴(2013)》的统计数据,我国 2012 年水产品总产量达到 5 907.676 万吨,其中海水养殖总产量达到了 1 643.810 5 万吨,同比 2011 年增长了 5.96%,海水养殖品种中,2012 年鱼类养殖产量为 102.839 9 万吨,同比 2011 年增长了 6.66%,甲壳类养殖产量为 124.955 4 万吨,同比 2011 年增长了 10.86%,贝类养殖产量为 1 208.439 3 万吨,同比 2011 年增长了 4.68%,藻类养殖产量为 176.468 4 万吨,同比 2011 年增长了 10.17%,其他类(包括海参、海胆、海水珍珠和海蜇)养殖产量为 31.107 5 万吨,同比 2011 年增长了 12.49%。

根据《中国渔业年鉴(2013)》的统计数据,2012 年我国水产养殖总面积为 8 088 403 公顷,同比 2011 年增长了 3.23%,其中海水养殖面积为 2 180 927 公顷,同比 2011 年增长了 3.54%;在海水养殖中,2012 年池塘养殖面积为 437.63 公顷,同比 2011 年增长了 7.95%,普通网箱养殖为 39 831 261 平方米,同比 2011 年增长了 88.06%,深水网箱养殖为 4 379 017 立方米,同比 2011 年减少了 39.48%,筏式养殖面积为 395 233 公顷,同比 2011 年增长了

6.35%,吊笼养殖面积为 104 604 公顷,同比 2011 年增长了 24.23%,底播养殖面积为 998 334 公顷,同比 2011 年增长了 17.45%,工厂化养殖为 19 243 855 立方米,同比 2011 年增长了 29.11%;在海水养殖中,2012 年鱼类养殖面积为 72 898 公顷,同比 2011 年减少了 1.35%,甲壳类养殖面积为 289 953 公顷,同比 2011 年减少了 5.67%,贝类养殖面积为 1 474 890 公顷,同比 2011 年增加了 4.67%,藻类养殖面积为 120 801 公顷,同比 2011 年增长了 1.32%,其他类养殖面积为 222 385 公顷,同比 2011 年增长了 13.02%。20 世纪 90 年代开始,海水养殖造成的环境和病害问题日益严重,近海水域污染尤其严重,赤潮的频繁发生与海水养殖也有很大关系,我国海水养殖业走可持续发展道路任重而道远。

我国海水养殖业之所以发展比较迅速,与我国具有的诸多优势有很大关系,具体来说有以下几点:一是养殖资源非常丰富。我国周边海域面积位列世界第四位,横跨热带、亚热带和温带三大气候带,渔业资源异常丰富。二是海水养殖种类多、产量高。根据 FAO 的统计数据,2000 年世界海水养殖业的品种总数是 99 种,我国就有 67 种之多,几乎占到了全球品种总数的 2/3,除此之外,我国海水养殖面积和养殖产量都高居全球首位。三是潜在市场广阔。我国人口占世界总人口的近 1/5,而且有食用海产品的饮食习惯,海产品的高营养价值是许多消费者非常看重的。随着国民经济快速发展和人们生活水平的提高,高价值、高营养海水养殖产品的受欢迎程度正在日益增加,相比较普通海水养殖产品更加受到消费者的青睐。四是人力资本雄厚。传统海水养殖业是劳动密集型产业,我国包括渔业在内的劳动力资源十分丰富,沿海渔村众多,这就给海水养殖业提供了广阔的发展前景和发展动力。五是国家政策扶持有利于海水养殖业发展。我国政府对于海水养殖业的扶持一直不遗余力,海水养殖业的高投入、高风险的行业特点,也更加需要政府加大扶持力度。六是世界经济一体化提供了更高的发展平台。世界经济一体化的发展为海水养殖产品国际贸易提供了很好的发展平台和契机,2010 年我国出口的海水养殖产品已经进入了 170 个国家和地区的市场,日本、美国、欧洲和韩国都是我国海水养殖产品的主要出口市场。

第二节　中国水产品食品安全
管理体制和发展现状

一、行政管理体系

2013 年十二届全国人大一次会议通过了国务院机构改革方案,依据该方案组建国家食品药品监督管理总局,整合了之前国务院食品安全委员会办公室、国家食品药品监管局、国家质检总局、国家工商总局相关的食品安全监管职责;组建国家卫生和计划生育委员会,将原卫生部并入该机构,卫生部不再保留,负责食品安全风险评估和食品安全标准制定;组建国家海洋局,整合了原国家海洋局、中国海监、农业部中国渔政等机构,负责研究制定国家海洋发展研究战略,统筹协调海洋重大事项。农业部继续负责初级农产品质量安全监管。国家工商行政管理总局和国家质量监督检验检疫总局也在水产品食品安全监管中承担着重要使命。

根据《中国渔业年鉴(2013)》的统计数据,截至 2012 年我国渔业执法机构共有 2 969 个,其中行政单位 528 个,按照执法业务类型划分,全国共有渔政机构 1 715 个,渔监机构 82 个,船检机构 40 个,渔政渔监船检综合执法机构 584 个,渔政和农业执法单位合署 101 个,渔政和水产研究或推广单位合署 410 个,渔政和渔业生产单位合署 37 个。

二、法律法规体系

《中华人民共和国农产品质量安全法》是 2006 年 11 月 1 日颁布的,主要针对农产品产地、标准、生产、包装和标识、监督检查以及法律责任在内的 6 个方面的内容进行了规定。《国务院关于加强食品等产品安全监督管理的特别规定》是 2007 年 7 月 26 日生效的,主要是对地方政府监管部门提出了更高更具体的要求,同时强调了企业对于其自身产品质量安全的第一责任。《国务院关于全面加强产品质量和食品安全工作的意见》是 2007 年 8 月 5 日发布的,进一步强调了地方政府监管部门对于食品安全管理的重要性和责任。《中华人民共和国食品安全法》是 2009 年 6 月 1 日正式实施的,是我国食品安全管理的基本法律,对我国食品安全监管其他法律法规的制定起着指导性和基础性的作用。还有许多法律法规文件涉及海水养殖产品食品安全管理,如《农产品包装和标识管理办法》、《农产品产地安全管理办法》、《无公害农产品管理办法》、《无公害农产品标志管理办法》、《绿色食品标志管理办法》、《有机产品认证管理办法》、《地理标志产品保护规定》、《中华人民共和国食品安全法实施条例》、《国家食品安全事故应急预案》、《动物防疫法》、《农药管理条例》、《兽药管理条例》、《饲料和饲料添加剂管理条例》、《中华人民共和国渔业法》、《水产养殖质量安全管理规定》、《水产苗种管理办法》、《农垦农产品质量追溯标识管理办法》、《流通环节食品安全监督管理办法》、《食品生产许可管理办法》、《食品添加剂生产监督管理规定》、《关于进一步做好食品生产加工环节监管人员和从业人员培训工作的指导意见》、《食品生产加工环节风险监测管理办法》、《食品检验机构资质认定管理办法》、《产品质量监督抽查管理办法》、《关于建立生产加工环节食品安全舆情应对工作机制的通知》、《关于食品添加剂生产许可工作有关事项的通知》、《关于进一步严格食品添加剂生产许可管理工作的通知》、《关于依法严惩食品生产加工非法添加违法行为的规定》、《山东省出口水产品质量安全监督管理规定》和《山东省出口水产安全管理条例》等。

三、标准体系

我国渔业标准化体系由国家标准化组织与地方标准化组织构成,全国水产标准化技术委员会的下设机构海水养殖分技术委员会主要负责我国海水养殖标准化工作的开展,下设机构水产品加工分技术委员会主要负责我国水产品加工业标准化工作的开展。2006 年 11 月 1 日起,依据《农产品质量安全法》《兽药管理条例》和《农业转基因生物安全管理条例》,农业部负责水产品生产的相关技术要求标准规范的制定。截止到 2009 年,水产品国家和行业标准共有 795 项,其中国家标准 127 项、行业标准 668 项,覆盖了渔业养殖、水产品加工、渔具和渔具材料以及水生动物防疫等领域。根据《中国渔业年鉴(2013)》的统计数据,2012 年我国发布了 SC/T2003—2012《刺参 亲参和苗种》、SC/T3120—2012《冻熟对虾》和 SC/T3204—2012《虾米》等一批新的行业标准。

四、检验检测体系

水产品食品安全检验检测体系是水产品食品安全保障机制的重要内容之一,是水产品进入消费市场这条"高速公路"的收费站和检查点,存在安全风险的水产品就像套牌车和各种违章客货车,必须在其进入高速公路之前将其拦截,否则一旦进入水产品市场这条"高速公路",必将引起混乱。我国目前已经初步形成以质检、农业、卫生、科技、商务、商业、进出口等部门为监管主体的多层次食品检验检测体系。水产科学研究院、中国海洋大学、上海海洋大学和卫生、农业、质检等部门均设立了有关水产品安全的科研机构,目前已经初步建成以国家级中心为龙头、以部级中心为主力、以省级中心为支撑、以县级水产品检验检测机构为基础的水产品食品安全检测网络。

五、认证体系

农产品质量认证是各国政府普遍采用的控制农产品食品安全的重要手段,是一种针对市场信息不对称现象的有效补救,是运用市场公信力搭载起来的信息平台。依据认证对象的不同,认证体系可以分为产品认证和体系认证,我国目前涉及养殖水产品的产品认证主要有无公害渔业产品认证、绿色食品认证、有机食品认证等,体系认证主要有 ISO9000,ISO14000 和 HACCP 体系认证等。其中国内水产品加工企业 HACCP 认证属于企业自愿性认证,出口水产品加工企业 HACCP 认证则属于强制性认证,如进入美国市场的水产品加工出口企业。无公害渔业产品认证是无公害农产品认证的重要组成部分,主要包括产地认证和产品认证两部分,产地认证主要针对的是水产品养殖环境和生产环境的食品质量控制问题,产品认证主要针对的是水产品自身质量安全和市场准入问题。绿色食品认证主要强调的是水产品养殖和加工环境、全过程质量控制以及统一的绿色食品标志管理。有机食品认证主要强调的是水产品必须按照规范的有机生产体系来组织生产和加工,并且能够通过有资质的食品认证机构认证。

第三节　水产品安全危害因素分析

一般来说,水产品的危害因素可以分为自源性危害和外源性危害两种,自源性危害指的是水产品自身特性导致的食品安全风险,如水产品自身的腐败、毒素和养殖环境造成的危害;外源性危害指的是在养殖(捕捞)、加工、流通和消费过程中引入的食品安全危害风险。

一、自源性危害

一般来讲,自源性危害比较难以控制,只能通过加强监测和常识普及来降低水产品自源性危害发生的概率。具体来讲,水产品自源性危害主要有以下几点。一是水产品自身的腐败变质。水产品一般都是生鲜产品,保质期比较短,保鲜、贮存和运输的技术难度和成本较大,所以市场上腐败变质水产品难以避免,如果消费者不知道该水产品已经腐败变质继续食用,或者虽然知道已经腐败变质但是出于节俭的考虑仍然食用,就有可能会导致身体上的一些不适,如腹泻。二是水产品自身含有的天然毒素。近年来海洋生物毒素引起的食品安全问题不断发生，致人死亡的案例也不罕见，主要有贝类毒素和鱼类毒素两种，其中贝类毒素包括麻痹性贝类毒素、神经性贝类毒素、腹泻性贝类毒素和健忘性贝类毒素，这四种贝类毒素通过一般加工工艺无法完全消除安全风险；鱼类毒素也称CFP，其导致的CFP中毒较为常见。三是水产品自身存在的致病微生物和寄生虫，致病微生物和寄生虫都是比较常见的水产品致病因素。四是水产品自身含有的致敏原。虾类、贝类和蟹类一般会含有一些致敏原，可能会诱发食用者的身体过敏，具体表现为身体红肿、皮肤炎症和毒性反应。五是环境污染会增加水产品食品安全风险。对水产品食品安全影响最大的环境因素就是水质，但是除了工厂化养殖可以对水质加强控制之外，其他情况下对于海水水质的控制程度非常低，一般来讲只能通过加强环境保护和治理以及提高海水水质监测强度来实现，而加强环境保护和治理是一项长期工程，短期内效果并不显著，所以对于海水水质污染只能通过加强监测来提前预警以降低食品安全风险。

二、外源性危害

外源性危害一般可以通过加强监管和监控来降低其发生概率，具体来说水产品食品安全外源性危害可以分为以下几类。一是渔药残留造成的危害。使用违禁渔药和使用渔药过量都会导致水产品食品安全风险，渔药主要包括抗菌药物、促生长剂、化学消毒剂和麻醉剂。二是饲料使用不当造成的危害。饲料中添加各种激素和长期使用抗生素将会极大增加水产品的潜在风险，如黄霉素、金霉素、弗吉尼亚霉素、硝基呋喃类、喹乙醇和孔雀石绿等，饲料安全是海水养殖产品食品安全保障管理的重要内容。三是农药造成的危害。杀虫剂、杀菌剂和除草剂等农药会对近海养殖水域周边的环境造成污染，导致海水养殖产品农药残留超标风险的增加。四是重金属造成的危害。工业化的快速发展会导致许多污染物排入自然界，沿海工业污染必然排入海洋，镉、铅、汞、硒等重金属残留通过海水进入水产品体内，将会对消费者造成非常大的危害。五是加工环节管理不当造成的危害。水产品加工环境、生产设备、生产人员等环节的卫生状况都会对加工水产品的食品安全产生影响，如果生产加工环节管理不当，将会增加水产品的食品安全风险。六是食用不当造成的危害。沿海等具有食用海产品经验的地区一般不存在这方面的风险，内陆地区一些消费者对于如何食用海产品也许并不是十分清楚，如食用梭子蟹，必须蒸到足够火候，如果蒸的时间不够，梭子蟹内的寄生虫就无法完全杀死，必然会对食用者的健康造成一定的风险，而且食用梭子蟹也有许多食品禁忌，如尽量不要与柿子一起食用。七是水产品加工过程管理不当造成添加剂等有害物质进入加工水产品中，引起水产品食品安全问题。八是流通环节导致水产品食品质量安全问题，如储藏条件失当引起的危害、过敏原标识不清引起的危害。

第四节　建立海水养殖产品食品安全保障体系的必要性

　　第一，这是社会经济发展的必然要求。随着社会经济的发展，满足人们生存需要的食品数量供给已经不再是人类社会的主要矛盾，于是人们的注意力很自然就会转移到食品质量上来，食品安全问题日益受到重视便不难理解。我国社会在经历了 30 余年的快速发展之后，人民生活水平得到了显著提高，经济发展获得了飞跃般的进步，取得了令全世界瞩目的成就，没有任何一个国家经济能稳定保持如此高的增长率，没有任何一个国家能够有如此宏大的建设场面，没有任何一个政府能够保证将一个有十几亿人口的国家治理得井井有条、繁荣稳定。我国在经济发展方面取得的成就举世瞩目，在这一形势下，对于食品安全的需求就顺势而生，建立海水养殖产品食品安全保障体系的需求也就逐渐显现出来。

　　第二，这是保障人民群众根本利益的重要举措。人民群众的利益高于一切，所有政府和政党都要将人民群众的利益放在首位。

生命健康是人民群众最重要的利益之一,如果生命健康受到了威胁,那么人民群众的利益也就得不到根本保障。我国对于海水养殖产品有喜好的消费者数量庞大,因此,海水养殖产品的食品安全问题必须引起足够重视,消费者对于海水养殖产品的关注点一般是口味、新鲜度等,因为对于普通消费者来说,食品安全应该是一个最基本的底线,如果购买食用的水产品连食品安全都保证不了,那么将严重动摇消费者对于海水养殖产品的购买信心。建立完整的海水养殖产品食品安全保障体系,可以说是对人民群众生命健康的一种不可或缺的保证,是对人民群众根本利益的一种保障。

第三,这是促进海水养殖业长远健康发展的必然选择。海水养殖业健康发展,必须首先保证海水养殖产品的安全性。海水养殖产品是海水养殖业的直接成果,我们必须努力建立海水养殖产品食品安全保障体系,通过供应链整个过程来实现对海水养殖产品的质量控制。如果海水养殖产品食品安全得不到保证,必然会对其市场产生消极影响,久而久之消费者就会将原本的水产品食用喜好转移到替代食品身上,到时候对海水养殖业将会是一个致命性的打击。因此,海水养殖业的健康可持续发展,需要海水养殖产品食品安全保障体系的建立,只有这样才能从根本上确保海水养殖业的前进方向,才能将海水养殖业带入一个良性循环的发展模式。

第四,这是依法治国理念的重要体现。建立海水养殖产品食品安全保障体系,既是将海水养殖产品食品安全管理纳入法律的调整轨道,也是对人民群众利益的一种根本保证。完善的法律法规体系是海水养殖产品食品安全保障体系的重要内容之一,是海水养殖产品食品安全的重要保证,也是所有产品食品安全的重要保证,我们要坚持依法治国的原则,加快完善海水养殖产品食品安全法律法规体系。

第五,这是食品安全理论的重要延伸和细化。食品安全理论研究是理论界的重要工作之一,目前关于食品安全的理论研究已经逐渐丰富并且深入,像海水养殖产品这种细化的食品品种,我们也要研究具有针对性的食品安全保障体系,这种保障体系是食品安全理论的重要延伸和细化,可以说这既是理论研究的需要,也是实践发展的需要。在食品安全理论这一大的科目下,我们需要逐渐建立各个食品品种单独的食品安全保障体系,只有这样,食品安全理论才能更好地为社会经济发展服务,才能更好地为实践服务,才能具备较强的可操作性。

第六,这是维护社会稳定、长治久安的重要措施。根据第六次人口普查数据,我国总人口已经达到了 1 339 724 852 人,进入 21 世纪之后我国人口增加了 7 390 万人,同时我国又是一个拥有 56 个民族的多民族国家,社会稳定重于泰山,民族团结重于泰山。建立海水养殖产品食品安全保障体系,有利于维护市场稳定,有利于维护消费者的切身利益,当然也有利于食品安全的保障。食品安全是所有消费者最关注的焦点,关系到大家的身体健康。我们必须建立完善的海水养殖产品食品安全保障体系,重视消费者的身体健康,建立食品安全突发事件应急处理和预警机制,及时对突发食品安全事件做出反应,提高应急处理能力,本着公开、透明、迅速的原则向群众发布食品安全有关信息,避免事件被过度渲染甚至扭曲。食品安全是一个热点话题,一旦出现重大食品安全事件,如何维护社会稳定将是考验政府执政能力的一个重要难题,毕竟在任何国家、任何时候,维护社会稳定都是政府工作雷打不动的首要目标。

第七,这是提高我国海水养殖产品国际竞争力的客观需要。世界经济一体化发展越来越迅速,各国经济融合越来越紧密,这对我们来说既是一个机遇,也是一个挑战。为了更好地参与国际竞争,提高国际竞争力,我们必须对食品安全管理和控制引起足够的重视。具体到海水养殖产品来说,我们需要建立完善的海水养殖产品食品安全保障体系,以此来保证我国海水养殖产品能够打破绿色贸易壁垒和技术贸易壁垒的阻碍,顺利进入国际水产品市场,切实提高国际竞争力。

第五节 建立海水养殖产品食品安全保障体系的基本原则

我们要进行海水养殖产品食品安全保障体系的研究,必然要遵循几项基本原则,只有在这些基本原则的指导下,我们才能更好、更快、更完善地进行海水养殖食品安全保障体系的研究和建立,下面我们就简要总结一下建立海水养殖产品食品安全保障体系的基本原则。

第一,建立海水养殖产品食品安全保障体系,必须遵循以法律为准绳的原则。依法治渔是世界海水养殖业的发展趋势,这里讲的以法律为准绳包含两层意思:一是我们必须做到"有法可依",即必须对涉及海水养殖产品食品安全的法律法规体系进行建立和完善,对需要法律规制的养殖、加工、运输、储藏和销售等供应链所有环节的内容都要进行立法,力争做到法律调整零死角,让所有环节的海水养殖产品都处在法律的阳光普照之下,避免食品安全风险的存在;二是必须做到"有法必依,执法必严,违法必究",在涉及海水养殖产品食品安全的法律法规体系逐渐健全的情况下,接下来要做的工作就是严格按照法律法规的要求进行海水养殖产品的养殖、加工、运输、储藏与销售。政府职能部门要严格按照法律法规进行管理和行政执法,对于在海水养殖产品食品安全方面的违法犯罪行为,要依法进行打击和处罚,坚决维护法律的尊严和人民群众的生命财产权利。只有坚持以法律为准绳,海水养殖产品食品安全保障体系才能发挥出应有的作用,食品安全管理才能走上法律调整的良性发展轨道。

第二,建立海水养殖产品食品安全保障体系,必须遵循具体问题具体分析的原则。这里讲的具体问题具体分析,包含以下两个方面的内容,一是对于养殖、加工、运输、储藏和销售等供应链各个环节,我们要坚持具体问题具体分析,每个环节海水养殖产品食品安全风险不尽相同,所以针对供应链每个环节,都要从实际出发,本着实事求是的原则进行研究;二是在供应链每个环节之内,食品安全风险也存在着多元性的特点,如在海水养殖产品的养殖阶段,就存在苗种问题、饲料问题、渔药问题、水质问题、养殖环境和设备问题、养殖技术问题等等,我们需要对这些涉及海水养殖产品食品安全的问题具体问题具体分析,分类进行食品安全保障机制的研究,最终将这些分散的保障机制汇聚成完整的食品安全保障体系。具体问题具体分析可以说是指导我们进行一切活动的万能方法论,适用于所有的领域,只有在这一原则的指导下,我们才能真正地对海水养殖产品食品安全保障体系进行深度发掘和具体分析,从而得出正确的结论,为海水养殖实践活动提供有价值的理论指导。

第三,建立海水养殖产品食品安全保障体系,必须遵循全面性原则。这里讲的全面性,包含以下三个方面的内容:一是对整个供应链所有环节都要进行覆盖,不能存在漏洞和死角,包括养殖阶段、加工阶段、运输阶段、储藏阶段和销售阶段都要纳入海水养殖产品食品安全保障体系的调整范围,同时对于每个阶段所有涉及食品安全管理的因素也都要纳入研究范围,力争做到真正的全面性;二是政府、养殖户、企业、行业协会组织和消费者等海水养殖产品的市场参与者都要积极参与到海水养殖产品食品安全保障体系中来,参与主体的全面性也是该原则的重要内容之一,食品安全问题需要全民参与,需要全社会所有人的共同努力和精诚合作;三是在供应链环节之外,我们还要总结出海水养殖产品食品安全的综合保障体系,综合保障体系的内容不是存在于某一具体阶段之中,而是自始至终都在发挥作用。我们必须在全面性原则的指导下,将海水养殖产品食品安全管理问题考虑周全,不要留下漏洞和死角,因为食品安全管理重于泰山,绝对不允许存在漏洞和死角。当然,随着理论研究的深入和社会经济技术的发展,新的食品安全风险和先进的食品安全管理理念及技术会逐渐显露出来,我们也要及时对海水养殖产品食品安全保障体系研究进行跟进和更新,尽最大努力做到紧跟时代发展潮流,始终将全面性原则贯穿于海水养殖产品食品安全保障体系研究中。

第四,建立海水养殖产品食品安全保障体系,必须遵循深入性原则。前面讲到了全面性原则,深入性原则则是与其相对应的,我们需要在保证全面性的同时,对于每一个环节和细节都要做到深入和具体,如在养殖阶段,苗种问题、饲料问题、渔药问题、水质问题、养殖环境和设备问题、养殖技术问题等等都要当作独立的课题来进行研究,不怕麻烦,不怕工作量大,只有真正做到深入性,海水养殖产品食品安全保障体系才能给食品安全管理实践带来现实的价值和意义,否则只能是水中花、镜中月,如空中楼阁一样悬浮在空中,不接地气、没有根基的理论研究是没有任何实践价值的。秉承深入性原则的宗旨,每一个分支课题都要进行全面的研究和论述,虽然工程量很大,但是很有意义。

第五,建立海水养殖产品食品安全保障体系,必须遵循预防为主的原则。食品安全问题关乎国民健康和社会稳定的大局,提前预防远远比事后处理要重要得多,防患于未然是我们处理食品安全问题的基本原则之一。在建立海水养殖产品食品安全保障体系的过程中,属于预防阶段的内容占绝大多数,重大食品安全事件应急处理等环节不应当、也不能够成为保障机制的主力军,只能作为一种辅助手段在发生食品安全问题的时候承担救火队员的责任。合理的风险分析是预防为主原则的重要内容之一,包括风险评估、风险管理和风险交流。风险不是现实危害,是一种发生危害的可能性,因此风险就是预防的重点工作对象,将食品安全风险降到最低是建立海水养殖产品食品安全保障体系的重要目标。

第六,建立海水养殖产品食品安全保障体系,必须遵循全民参与为基础、沿海人民为主力的原则。全民参与是全面性原则的体现之一,一方面要求政府决策机构、立法机构、执法机构、企业、养殖户、行业协会和消费者全体总动员,积极参与到食品安全管理中来,另一方面要求海水养殖产品食品安全信息的透明与公开,保障消费者和企业的知情权,通过网站、媒体、座谈会等途径构建食品安全信息交流平台。以沿海人民为主力的原则是海水养殖产品食品安全保障体系的特色之一,海水养殖产品自身的特点决定了沿海人民既是海水养殖业和水产品加工业的主要从业人员来源,也是海水养殖产品的主要消费群体之一。加强海水养殖产品食品安全管理,既是沿海从业人员的分内责任,也是为沿海人民谋福利的重要途径。

第五章　水产品安全管制
作用机制的博弈分析

第一节　水产品食品安全博弈模型的
假设及变量的选取

一、水产品食品安全博弈模型假设

为排除其他因素干扰,本研究现作如下 7 条假设。

假设 1:市场中存在两个局中人,即水产品企业(以下简称企业)和政府。其中企业是水产品养殖户、养殖企业、加工企业和流通企业的统称。

假设 2:企业可采取的行动集合为｛生产高质量安全水产品,生产低质量不安全水产品｝;相应的政府可实施的行动集合为｛实施监管,不监管｝。

假设 3:企业的支付函数由产品销售收入及总成本决定;政府的支付函数同样取决于自身行为的收入与成本。

假设 4:高质量水产品与低质量水产品以相同价格出售,但企业的成本因水产品质量高低而有所不同,高质量水产品将产生额外的成本;政府的收益不仅包括监管企业收取的罚金,还包括政治收益,如民众的信赖、赞扬和民众支持率等。

假设 5:局中人在博弈过程中均采取混合战略,双方均追求实现自身利益最大化,即支付函数越大越好。

假设 6:政府实施监管则不安全水产品一定会被查处,此处我们假设海水养殖产品食品安全保障体系是完全有效的。

假设7:企业动机分析中剔除品牌价值等无形资产的影响,如果企业品牌价值等无形资产在企业资产中的比例较高,即使政府不实施食品安全监管,该企业选择生产安全水产品的可能性也非常大。

二、博弈模型中变量的选取及符号意义

C_1:企业生产安全水产品的成本;

C_2:企业生产不安全水产品的成本;

R:企业销售收入,$R>C_1>C_2$;

C:政府实施监管的成本;

F:政府进行监管并查处不安全水产品时对企业实施的罚金;

H:政府确保水产品食品安全获得的政治收益,如公众对政府的信赖、赞扬和民众支持率等;

p:企业生产安全水产品的概率;

q:政府实施监管的概率;

U_{M1}:企业生产安全水产品最终获得的支付;

U_{M2}:企业生产不安全水产品最终获得的支付;

U_{G1}:政府实施监管最终获得的支付;

U_{G2}:政府不实施监管最终获得的支付。

第二节　水产品食品安全博弈
模型的建立和求解

一、混合策略下政府与企业博弈模型的建立

根据模型假设可知,企业与政府均采取混合策略,即分别按照一定的概率选择某种策略,在确定采取某种策略后,双方的支付是

可以确定的。

当企业生产安全水产品时,若政府实施监管,则企业收益为 $R-C_1$,政府收益为 $H-C$,双方支付可记为 $(R-C_1,H-C)$;若政府不监管,则企业收益为 $R-C_1$,政府收益为 H(即使政府不实施监管,只要水产品是安全的,政府就可获得民众的信赖,获得声誉收益,因为食品安全可被视为是政府之前采取一系列努力的结果),双方支付可记为 $(R-C_1,H)$。

当企业生产低质量不安全水产品时,若政府实施监管,则企业生产不安全水产品行为就会被查处,此时企业收益为 $R-C_2-F$,政府收益为 $H-C+F$,双方支付可记为 $(R-C_2-F,H-C+F)$;若政府不实施监管,则企业收益为 $R-C_2$,政府收益为 $-H$,双方支付可记为 $(R-C_2,-H)$。

该博弈模型可以用表 5-1 收益矩阵表述。

表 5-1　政府与企业的博弈矩阵

		政府	
		监管(q)	不监管($1-q$)
企业	安全水产品(p)	$(R-C_1,H-C)$	$(R-C_1,H)$
	不安全水产品($1-p$)	$(R-C_2-F,H-C+F)$	$(R-C_2,-H)$

二、博弈模型的求解

对上述混合策略模型进行求解,寻找混合策略下的纳什均衡。

对于企业,给定政府以概率 q 进行监管,则企业生产安全水产品的期望收益为

$$EU_{M1}=q(R-C_1)+(1-q)(R-C_1)=R-C_1$$

在概率 q 下,企业生产不安全水产品的期望收益为

$$EU_{M2}=q(R-C_2-F)+(1-q)(R-C_2)=(R-C_2)-qF$$

在均衡条件下 $EU_{M1}=EU_{M2}$,可得此时 $q^*=\dfrac{C_1-C_2}{F}$。

同理,对政府而言,给定企业生产安全水产品的概率 p,政府进行监管的期望收益为

$$EU_{G1}=p(H-C)+(1-p)(H-C+F)=(H-C+F)-pF$$

在概率 p 下,若政府不实施监管,其期望收益为

$$EU_{G2}=pH+(1-p)(-H)=2pH-H$$

在均衡条件下必有 $EU_{G1}=EU_{G2}$,可得此时 $p^*=\dfrac{2H+F-C}{2H+F}$。

综上可得,政府、企业博弈的混合策略纳什均衡为 $(\dfrac{2H+F-C}{2H+F},1-\dfrac{2H+F-C}{2H+F}),(\dfrac{C_1-C_2}{F},1-\dfrac{C_1-C_2}{F}))$,即企业以 $\dfrac{2H+F-C}{2H+F}$ 的概率选择生产安全水产品,以 $1-\dfrac{2H+F-C}{2H+F}$ 概率选择生产不安全水产品,政府以 $\dfrac{C_1-C_2}{F}$ 概率实施监管,以 $1-\dfrac{C_1-C_2}{F}$ 概率放任企业行为,不实施监管。

换角度言之,对企业而言,如果政府监管的概率大于 q^*,即 $q>q^*$,则企业的期望收益变化为 $EU_{M1}>EU_{M2}$,因此,企业的最优反应为生产高质量安全水产品;当政府监管概率 $q<q^*$ 时,企业的期望收益变化为 $EU_{M1}<EU_{M2}$,因此企业最优反应为生产低质量不安全产品;而当政府监管概率 $q=q^*$ 时,企业的期望收益为 $EU_{M1}=EU_{M2}$,即无论企业作何种选择其期望收益无差异。相应的,对政府而言,如果企业生产高质量安全水产品的概率大于 p^*,即 $p>p^*$ 时,政府最优反应为不实施监管;当企业生产高质量安全水产品的概率偏低,即 $p<p^*$ 时,其最优反应为采取监管行动,并对企业实施处罚;当企业生产高质量安全水产品的概率 $p=p^*$ 时,政府是否实施监管其期望收益无差异。

图 5-1 显示的即是上述分析中政府与企业博弈的最优反应曲线及均衡点(注:实际曲线并不是图中所示的直线,该图只是为了直观表述核心思想)。

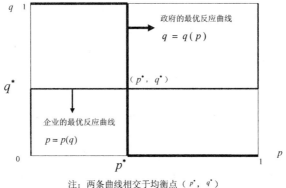

注：两条曲线相交于均衡点（p^*，q^*）

图 5-1　政府与企业博弈的最优反应曲线

第三节　基于水产品食品安全
博弈模型的政府行为动机分析

根据以上研究过程得知,对政府而言只有实施监管的期望收益大于不实施监管、放任企业行为的期望收益时,政府部门才有动力去采取积极行动,打击企业生产不安全水产品的行为。用数学公式表述为

$EU_{G1}-EU_{G2}>0$,也即$(H-C+F)-pF-2pH-H>0$,整理可得$(F+2H)(1-p)-C>0$。

从上式不难看出,政府监管动力的大小与查处企业生产不安全水产品行为所获得的收入部分$(F+2H)(1-p)$高度正相关,与实施监管需要付出的成本C高度负相关。

一、从政府监管的收入部分来分析其行为动机

在经济生活中,决定政府监管收入$(F+2H)(1-p)$的罚金部分F直接以现金数量体现,在企业生产水产品质量不高的条件下,F越大,政府实施监管可获得的收入越大,所以政府会积极行动,

打击企业生产不安全水产品的行为。

而 H 作为政府的政治收益,体现的是由于政府实施监管,最终食品安全性提高、社会福利增加导致的公众对政府的信赖、赞扬以及民众支持率的上升等积极影响。在经济生活中,H 的大小通常与水产品消费群体的状态显著相关,如消费者对水产品食品安全的不同认知程度及自身收入水平等,对水产品食品安全认知程度较高的高收入群体对食品安全的需求更为强烈,因此对 H 值的影响会更加突出,对政府实施水产品食品安全管制的激励作用便更为强烈。这也可以部分解释为什么在经济社会发展相对落后的农村偏远地区,个别地方政府在某些食品安全监管方面会处于真空状态。

二、从政府监管的成本角度分析其行为动机

在水产品食品安全法律法规体系相对完善的条件下,政府实施监管的成本既包括获取水产品相关信息付出的成本,也包括对企业进行的各项水产品食品安全知识培训、对生产过程进行监督、对水产品质量进行检测评估等各个环节所付出的成本,它与政府实施监管的积极性呈负相关。若某种食品的监管成本极高,甚至超过了政府潜在的监管收益,那么政府采取监管措施的动力便明显弱化。

本书五章核心章节中共涉及海水养殖产品食品安全保障机制31 项,其中养殖阶段 8 项、加工阶段 6 项、市场阶段 4 项、综合保障体系 11 项以及重点环节两项,这 31 项海水养殖产品食品安全保障机制都会增加政府实施水产品食品安全监管的成本,如果纯粹从理性经济人的角度分析,政府需要将这 31 项机制造成的成本与预期收益进行比较,最终作出实施监管或者放弃监管的选择。但是政府毕竟不是企业,并不能一切都以经济利益作为决策依据,一方面进行食品安全管制是政府的行政责任,即使实施管制造成的成本大于预期收益,政府也应当实施管制,只不过执行的积极性会打折扣,在食品安全管理方面放弃监管也会增加"渎职罪"的发生概

率;另一方面即使实施管制造成的经济成本大于预期经济收益,但是政府决策依据里既有经济账,也有社会账和政治账,以民众支持率为例,如果政府实施水产品食品安全管制会大幅提高民众支持率,所以从本质上讲,政府还是会实施水产品食品安全监管,这便是 H 中政治收益的激励作用。

现实生活中,一方面,小规模水产品养殖、加工和流通企业(一下均简称小企业)普遍存在规模小、数量大、空间分散以及监管难度大等特点,水产品(尤其是生鲜水产品)在产品质量安全可追溯和质量安全检验检测方面存在诸多亟待解决的问题,政府部门很难完全获取这部分企业和水产品的准确信息,从而导致监管难度大、监管技术要求非常高,最终导致监管成本高昂;另一方面,这些小企业生产的水产品多面向对食品安全认知程度不高、收入水平相对较低的消费群体,除非造成明显的身体健康伤害,否则该消费群体对食品安全问题并不十分敏感,对政府政治收益的影响较为中性,政府对小企业安全监管缺失现象也便不难理解。

第四节 基于水产品食品安全博弈模型的企业行为动机分析

与政府实施监管的行为动机分析原理类似,作为理性经济人,当且仅当生产高质量安全水产品的期望收益高于生产低质量不安全水产品的期望收益时,企业才会乐于选择生产高质量安全水产品。用数学公式表述为

$EU_{M1} - EU_{M2} > 0$,也即$(R-C_1)-(R-C_2)+qF>0$,整理可得$(C_2+qF)-C_1>0$。

可将上式中(C_2+qF)表示企业生产低质量不安全水产品所需要付出的总成本,包括生产成本 C_2 和被处罚的机会成本。上式的经济含义为,只有当企业生产低质量不安全水产品的总成本高于生产高质量水产品的成本时,或者说生产高质量安全水产品存在

超额利润时,企业才会选择生产高质量安全水产品的策略。由于$C_2 > C_1$,在两者相差较小时,显然政府的监管措施将在企业生产抉择中变得异常重要。当海水养殖产品食品安全保障体系越完善、政府对违规生产的监管力度越大以及对水产品质量不合格的惩罚越严重时,企业严格执行食品安全制度、生产高质量安全水产品的动机才会越强,水产品的安全性才会愈有保障。

本书五章核心章节中共涉及海水养殖产品食品安全保障机制31项,其中养殖阶段8项、加工阶段6项、市场阶段4项、综合保障体系11项以及重点环节两项。如果将该31项机制设为31分,一项机制失效,则意味着企业生产不安全水产品的可能性就会增加一分,我们可以作这样极端的推测:如果海水养殖产品食品安全保障体系31项机制完全有效,则企业生产不安全水产品的可能性为零,如果海水养殖产品食品安全保障体系31项机制完全失效,则企业生产不安全水产品的可能性为满分,即31分。(注:此前已经假设将品牌价值等因素剔除出动机分析)

结合以上对政府监管行为的动机分析,一种值得关注的情况是,对小企业而言,由于其生产方式简单、生产环境较差以及食品安全生产流程的缺失,导致食品风险性极高但生产成本极端低下,这时便出现C_1、C_2相差巨大的情形,即$C_2 \ll C_1$;而政府由于对其监管难度较大从而导致监管效果不佳,这就会使得小企业所生产的低质量不安全水产品存在较大的超额利润,即$R - C_2 \gg R - C_1$,因此相较于大型水产品企业,小企业更倾向于选择生产低质量不安全水产品。更进一步,即便政府实施监管,出于社会公平原则,政府对小企业生产不安全水产品的经济惩罚也不会太重,而$C_2 \ll C_1$的存在,使得小企业生产低质量不安全水产品的收益仍高于严格按照食品安全相关规定改善生产条件、生产高质量水产品所获得的收益,也即$R - C_2 - F > R - C_1$,因此,小企业仍将继续选择生产低质量不安全水产品。至此,我们可以得出这样的结论:对小企业而言,(p^*, q^*)不再是此番政府、企业博弈的混合策略的纳什均衡,政府监管成为不可置信威胁,小企业将始终采取生产低质量不安全水产品的策略,(生产低质量不安全水产品,不监管)成为政府与小企业博弈的纳什均衡。

需要注意的是,上述分析都是基于高质量安全水产品和低质量不安全水产品的销售价格相同的假设基础上进行的,也就是说企业生产相同数量的两种水产品收益是相同的,从而导致在企业行为动机分析中,企业的两种策略选择的期望效用之差只与成本有关,而与收益无关。如果加入不同质量水产品的市场占有率和价格差异因素分析,模型将变得更加复杂,在此笔者不作过多分析。

结合政府与水产品企业博弈模型中收益矩阵的构成,为提高水产品食品安全性,必须加大对不安全水产品的惩罚力度,使得对任何规模的企业而言政府监管都是可置信威胁,产生有效的震慑作用,提高企业生产不安全水产品的机会成本。

第五节　小结

由于水产品安全问题具有较强的外部性特征,信息不对称引起的市场失灵难以完全靠市场内部解决,因此政府的监管作用在确保水产品安全方面尤其重要。综合以上博弈过程分析可知,水产品市场中政府监管措施会对不同规模的水产品企业形成不同的激励,同时不同企业类型也使得政府监管成本差异巨大。在考虑成本收益的同时,作为公共属性物品提供者,政府应更多地通过制度设计来改变博弈各方参与者的预期收益,进而实现保障水产品食品安全的目的,对水产品养殖企业、加工企业和流通企业都形成有效的激励机制,最大程度减少供应方为追求自身利润最大化或者为了寻求短期利益而选择生产低质量不安全水产品的机会主义行为。

该博弈模型分析最重要的结论就是对于海水养殖产品的质量安全来说,完善的海水养殖产品食品安全保障体系所提供的制度保障至关重要,因此,从第六章开始将是本书的核心章节部分,CPMC 体系也会全面展开。

第六章　养殖阶段海水养殖产品食品安全保障体系

第一节　加强对投放饲料的管理和开发

一、饲料安全的重要性

根据《中国渔业年鉴(2013)》的统计数据,2012 年我国渔用饲料产值为 4 475 049.88 万元,同比 2011 年增加了 663 340.52 万元,由此可见渔用饲料业在我国有着良好的发展前景,海水养殖业的发展离不开渔用饲料业的辅助。饲料安全的重要性等同于食品安全,关系着海水养殖业的长远健康发展,也与消费者的切身利益息息相关。饲料安全对于食品安全的消极影响主要体现在以下几个方面:一是饲料中微生物指数超标;二是饲料中的致病菌超标,如沙门氏菌和大肠杆菌;三是饲料中可能含有的动物致病病毒,如禽流感和口蹄疫病毒;四是饲料中的化学杀虫剂和除草剂等农药超标;五是饲料中的重金属超标,如铅、镉和砷等重金属;六是饲料加工过程中出现问题,导致药物交叉感染或者不良成分混合。加强食品安全管理,必须重视饲料安全管理,树立饲料安全意识,从食品安全的高度对饲料安全加以重视。

二、影响饲料安全的因素

饲料安全受到许多因素的影响,有必要对这些因素进行简要的总结。一是饲料原料方面。霉变、环境污染、细菌、病毒和转基因饲料都是饲料原料方面的安全危害因素,其中霉变是比较常见的现象,尤其是我国南方地区相对湿度较高,更适宜霉菌的生长繁殖,霉变会导致饲料营养成分的流失和变质,残留物质也会直接对人体造成一些危害;一些有毒化学物质会侵入养殖环境,通过空气、水源和土壤等途径进入到食物链,如农药这种有毒物质,一旦滥用,将会对食物链中所有环节造成危害;动物源性饲料受到细菌和病毒侵害的现象也时有发生,尤其是对一些来自疫区的饲料原料来源,应当加强检测和管理;转基因饲料对于饲养动物和人体健康具体有什么影响目前仍没有定论,但是转基因饲料可能存在的威胁不能忽略。二是饲料添加剂方面。非法使用违禁药物将会使饲料危害性更大,对饲养动物、人体健康和环境都会造成危害;饲料药物添加剂不按规定使用也会造成危害,农业部 2001 年发布的《饲料药物添加剂使用规范》就对 57 种饲料药物添加剂进行了规定,包括适用的动物品种、用量、停药期和注意事项等内容;添加高铜和高锌都会对饲养动物和环境问题造成比较大的危害,铜和锌都会在土壤中累积。三是饲料加工工艺方面。饲料加工设备含有一些重金属元素,这些重金属元素会通过多种途径进入饲料中;在饲料加工过程中管理不当会造成饲料品质的变化,如管理不当造成的饲料霉变;饲料配方设计不考虑因地制宜的话也会产生一些不利影响,或者造成部分营养成分的浪费。

三、加强对海水养殖投放饲料的管理

第一,加强对海水养殖饲料企业生产资格的管理,杜绝假冒伪劣水产饲料进入市场。建立严格的水产饲料生产准入制度,进一步规范水产饲料商标和标识管理方法,对于水产饲料生产企业要定期进行检查和资格审核,对于不符合生产运营标准的水产饲料生产企业,可以取消其生产资格,对于没有生产资格的饲料生产企业违规生产的,加大打击查处力度,发现一起查处一起。

第二,加大对使用违禁药品和添加剂的海水养殖饲料的查处力度。政府相关部门必须对违禁药品和添加剂的违法添加行为加

大查处力度,从源头上掐断危害海水养殖产品的风险链,对违法添加药品和添加剂的行为起到足够的威慑力,对危害饲料安全的行为绝不姑息,各部门要加强协调管理,防止出现管理真空地带,避免交叉管理造成的管理混乱,对于违规使用违禁品和添加剂的行为要坚决按照法律法规进行处理,构成犯罪的交由公检法机关处理。

第三,建立健全海水养殖饲料检测体系。完善水产饲料检测体系是进行饲料安全管理的重要内容,一方面要完善水产饲料检测网络,扩大检测范围,科学有效地设置检测项目;另一方面要改进目前的水产饲料检测技术和水平,简化检测程序,降低检测费用;同时还需要对水产饲料全程进行跟踪监督,增加检测频率。

第四,推行 HACCP 管理,提高海水养殖饲料生产环节的管理水平。饲料加工过程推行 HACCP 体系能够很好地控制危害风险因素,对每个过程进行记录和保存,确定关键控制点,将厂房设备、工作人员、原料保管、加工工艺流程等因素都纳入 HACCP 管理体系,严格对加工环节的饲料安全进行管理控制。

第五,加强对从业人员的职业培训。这里的人员培训包括对水产饲料加工人员的培训,确保饲料加工过程中不会出现危害水产饲料安全的因素;对水产饲料储藏和运输人员的培训,保证在储藏和运输阶段饲料能够不发生霉变等质变,提高水产饲料的安全性;对水产养殖户的培训,让养殖户掌握水产饲料的品种、用量和用药周期,建立健康使用饲料的流程;对水产饲料安全行政执法人员的培训,提高水产饲料质量检测人员、行政执法人员、行政审批人员等公务人员的工作效率和工作作风,提高服务质量和服务效果。

第六,建立水产饲料行业协会,加强行业自律,杜绝有食品安全风险的饲料添加行为。海水养殖户和养殖企业是海水养殖产品的直接生产者和孕育者,因此养殖户和养殖企业的养殖过程会对海水养殖产品质量安全产生巨大影响,加强行业自律是强化海水养殖饲料管理的有效途径,而建立水产饲料行业协会则是加强行业自律的有力武器。

第七,严格控制饲料生产加工环节,包括生产加工工艺、生产加工设备以及加工流程。饲料加工主要工序包括原料采购、原料清理、配料、粉碎、混合、制粒、包装和储藏,生产加工设备和生产加工流程对于饲料的质量也具有重要影响,饲料安全要从生产环节抓起,这样能够起到事半功倍的效果。

四、加强对海水养殖投放饲料的开发

第一,加强对海水养殖饲料的基础研究和科研开发。要将蛋白质饲料、农副产品饲料的开发和高效利用技术作为研究重点,重视开发非常规饲料,加大对先进饲料成分的科研投入力度,运用现代生物工程技术等先进科技,开拓海水养殖饲料概念的外延界限。一方面加强海水养殖饲料的抗病变性,提高饲料的防腐能力,降低运输和储藏阶段对饲料产生的不利影响;另一方面要提高海水养殖饲料的营养水平,提高营养成分的可吸收率;同时还要加大科研力度,力争使得海水养殖饲料能够起到部分药物的作用,从而达到减少药物使用量的目的。另外,高能低蛋白饲料和高效诱食剂的研发也可以大大提高水产养殖饲料的利用率。

第二,加强对海水养殖天然饲料安全问题的研究。天然饲料也会存在对饲养动物和人体有害的物质,这些物质与饲料自身特性有关,也与饲料产地的地理环境有关。对天然饲料有害物质的含量与分布及其与自然地理地质的关系进行研究,有助于为绿色新产品生产基地的区域布局和专用饲料的选用提供科学依据;同时也能为不同地区和不同种类饲料的安全使用及加工提供一定的参考价值。

第三,扶持绿色海水养殖饲料的发展,加强环保型海水养殖饲料的开发。环保型海水养殖饲料一般通过改良配方成分、添加绿色添加剂和改善饲料加工工艺等手段,有效提升营养成分的消化率、利用率、稳定性和沉降速度等指标,实现海水养殖产品营养需求、食品安全与环境保护的有效平衡。绿色海水养殖饲料一方面

能够改善饲料自身的品质,降低饲料安全风险概率;另一方面也能对环境保护作出更多的贡献,促进海水养殖业的可持续发展。

第二节 加强对投放苗种的管理和开发

水产苗种的培育是海水养殖业的源头阶段,是海水养殖业发展的基础,优质的水产苗种更是海水养殖业可持续发展和海水养殖产品食品安全的重要保障。根据《水产苗种管理办法》第二条的规定,水产苗种指的是"用于繁育、增养殖(栽培)生产和科研实验、观赏的水产动植物的亲本(即达性成熟年龄的个体)、稚体、幼体、受精卵、孢子及其遗传育种材料"。苗指的是从受精卵中脱膜而出,卵黄囊吸收完毕(甲壳类已经过若干次变态),能够平衡游动,并已经开始主动摄取外界食饵,且尚未出现性分化,正在处于向成体形状变态的早期发育个体;种指的是苗经过若干时间的饲养,完成了变态过程,并具有与成体相同的形态特征,自性腺开始发育的个体。在新形势下,培育健康的海水养殖苗种已经成为一个有着巨大潜力的朝阳产业,根据《中国渔业年鉴(2013)》的统计数据,2012年我国水产苗种行业产值高达5 128 714.62万元,同比2011年增加了874 302.58万元;2012年我国海水育苗产量为489 142万尾,同比2011年增长了7.78%,其中增长幅度最大的是紫菜育苗量,2012年产量为171亿贝壳,相比2011年增长了557.27%,其次是海参苗产量,2012年产量为584亿头,相比2011年增长了24.24%。农业部2005年4月1日施行的《水产苗种管理办法》对我国水产苗种产业发展起到了巨大的推动作用,下面论述的具体措施便是在《水产苗种管理办法》规定基础上进一步展开的。

一、加强对水产苗种的管理

第一,实施严格的水产苗种生产许可制度。从事专业水产苗种生产的企业和个人必须获得生产许可证,已经获得生产许可证的必须按照许可证规定的范围和种类进行生产,许可证有效期为3年,需要延期的,应当在期满30日前向原发证机关提出申请。笔者认为,自育、自用水产苗种的企业和个人也应当办理生产许可证,因为在无法完全确定苗种用途的情况下,全面加强管理是必要措施。县级以上渔业行政主管部门应当对水产苗种生产许可证的颁发和管理负责,对违法生产水产苗种的行为必须坚决进行查处和打击,对符合水产苗种生产条件的企业要进行公示。

第二,建立严格的水产苗种检验检疫制度。水产苗种药残和苗种自身携带的致病菌等因素导致水产苗种检验检疫制度的建立成为必须,包括建立权威性的水产苗种检测中心,建立成熟的水产苗种检疫队伍,制定合理完善的检测方法和检测流程。水产苗种检疫可以由渔业主管部门负责,也可以由水产技术推广站负责。县级以上渔业行政主管部门实施水产苗种产地检疫制度,对引进外来水产苗种的,也要加强检疫。

第三,渔业行政主管部门要强化渔业执法,加强监督。对没有检测能力、管理水平低下的企业,要禁止其从事水产苗种的生产和经营活动,坚决打击以次充好、以劣充优和生产、销售带病水产苗种的行为,对有生产许可证的也要定期进行检测和抽查,经过检验发现不合格的要及时勒令整改,不能取得生产许可证就万事大吉,否则容易因麻痹大意产生风险。

第四,实施水产良种补贴政策。渔业主管部门应当通过财政补贴等手段对水产良种的培育、生产和推广提供政策扶持,充分发挥宏观调控作用,鼓励水产良种生产和推广活动的进一步发展,将水产良种产业引入良性发展轨道。

第五,建立以苗种繁育场为核心的良种繁育体系。省级以上渔业行政主管部门应当依据客观情况合理设置水产原种、良种场,同时设立全国水产原种和良种审定委员会,经过其审定的新品种可以进行推广。原种场指的是生产苗种所用亲本均是捕于天然水域的野生资源或是利用捕于天然水域的野生苗种资源,经过人工仿生态养殖而成的;亲本完全符合国家标准有关规定,并且生产出的苗种也符合国家标准有关质量规定,具备亲本的优秀遗传性状,同时通过国家相关部门组织的审定、验收和挂牌的苗种生产单位。良种场指的是生产苗种所用的亲本主要是从原种场采购的苗种在小水体中养殖而成的,也可以是由从原种场引进的后备亲本在小水体中养殖而成的;生产的苗种保持有亲本的优秀遗传性状,并且通过国家相关部门组织的审定、验收和挂牌的苗种生产单位。我国目前各地水产苗种繁育体系已经粗具规模,但是还远远无法满足海水养殖业的潜在发展需求,应当加强各地水产良种场、水产苗种繁育场建设,切实提高水产良种繁育能力和质量水平。

第六,强化水产苗种质量管理机制。一要加强水产苗种生产质量管理控制,严格按照农业部的生产技术操作规程进行生产,对生产环节严格把关,建立责任人负责制,提高企业质检能力。二要建立健全水产苗种生产档案制度,配备档案管理岗位,对技术档案、基建档案和文书档案等要进行保存和管理。

第七,建立水产苗种行业协会。建立行业协会既是加强行业自律的有效途径,也是加强行业间交流的重要平台。水产苗种行业协会可以作为渔业主管部门与水产苗种生产和推广企业的"传声筒"与"催化剂",一方面帮助渔业主管部门对水产苗种业加强行政管理;另一方面也有助于及时反映水产苗种业的发展诉求,方便行政主管部门及时调整政策方向,为水产苗种业的健康发展保驾护航。

二、加强对水产苗种的开发

第一,加强苗种基础理论研究,建立现代苗种研究理论体系。高校和科研单位应当加强水产苗种的基础理论研究,为培养水产苗种行业基础性人才打下坚实的基础,同时在基础研究领域,还应当对海水养殖苗种抗病、生殖和生长等性状发掘有价值的遗传基因,有选择性地进行培育,以实现优胜劣汰的效果。

第二,加强水产苗种繁育技术的科研攻关。各高校、科研院所要加大对水产苗种繁育技术的科研投入,开发新型苗种,完善繁育技术,加大优质水产苗种大规模培育技术的研究投入,提高苗种抗病性和存活率,利用现代基因技术和细胞技术改善水产苗种基因条件,推动主导品种的良种化,从根本上提高海水养殖产品的品质,促进水产苗种向高新技术产业转化。

第三,学习借鉴国外先进育种技术,引进国外优秀品种苗种。组织人员从事国外先进育种技术消化吸收工作,聘请国外专家,充分结合我国海水养殖自然环境和养殖技术特点,对国外先进技术进行适应性改良。同时要结合我国消费者饮食习惯和海水养殖环境,对国外优秀水产苗种进行筛选,选择适合我国养殖的进行引进和培育。

第三节　提高渔业水域海水污染的监测强度和治理水平

根据国家相关文件规定:"渔业水域指的是中华人民共和国管辖水域中鱼、虾、蟹、贝类的产卵场、索饵场、越冬场、洄游通道和鱼、虾、蟹、贝、藻类及其他水生动植物的养殖场所。"渔业水域水质污染与海水养殖是一对具有互动关系的组合。一方面渔业水域海水污染会对海水养殖造成较为严重的消极影响,另一方面海水养殖也会在一定程度上加剧周边渔业水域的水质污染。

严格来讲,在海水养殖四要素(苗种、渔药、饲料和水质)中,对于海水水质状况的人工干预力度是最弱的(工厂化养殖等形式除外),之所以在本章中单列一节内容进行海水水质方面的研究,主要是从长远发展的角度来考虑的。

一、海水养殖对于海水环境的影响

海水水质的状况对于海水养殖产品的质量具有重要影响,因此建立海水养殖产品食品安全保障体系,对海水水质环境状况的关注必不可少,其实海水养殖业本身对于海水环境的影响也是客观存在的,也就是所谓的"养殖污染",从种类来说包括营养物的污染、药物的使用污染和底泥的富集污染等,下面具体分析一下海水养殖对于海水环境的影响。一是对透明度和 pH 值的影响。长时期、高密度的网箱养殖对于海水透明度和 pH 值都有较大影响。二是对溶解氧的影响。溶解氧是评价水质的重要指标之一,大量有机物的氧化分解会使得溶解氧被大量消耗,从而导致水质环境恶化。三是对营养盐的影响。海水养殖饲料、药物、消毒剂、防腐剂和生物排泄物是水体富营养化的主要污染源。四是对底质的影响。根据研究发现,在贝类养殖区,生物沉降量一般可以达到非养殖区域的两倍以上,研究表明养殖区域底泥沉积物硫化物、COD、无机氮和无机磷含量也都比较高。五是对浮游生物和底栖生物的影响。饲料等投入品会使得海水营养物质增多,导致浮游生物大量繁殖,随着时间的发展,营养物质富集,海水质量下降,浮游植物数量会减少,而且贝类具备很强的滤水功能,可以轻易地获取浮游植物和有机颗粒,这就会对浮游植物种群结构产生影响;底栖动物是评价水质的重要指标之一,营养物质富集和水质变化会导致底栖动物的种群及数量发生变化。据相关研究发现,网箱养殖水域底栖动物数量明显不如非网箱养殖水域。

二、我国海水养殖水质标准

根据国家相关规定,我国渔业水质必须满足 GB11607—1989 渔业水质标准的要求,详见表 6-1。无公害水产品养殖中海水养殖水质应符合 NY5052—2001 的规定,详见表 6-2。

表 6-1　GB11607—1989 渔业水质标准

序号	项目	标准值(单位:mg/L)
1	色、臭、味	不得使鱼、虾、贝、藻类带有异色、异臭、异味
2	漂浮物质	水面不得出现明显油膜或浮沫

(续表)

序号	项目	标准值(单位:mg/L)
3	悬浮物质	人为增加的量不得超过10,而且悬浮物质沉积于底部后,不得对鱼、虾、贝类产生有害影响
4	pH值	海水7.0~8.5
5	溶解氧	连续24 h中,16 h以上必须大于5,其余任何时候不得低于3,对于鲑科鱼类栖息水域除冰封期其余任何时候不得低于4
6	生化需氧量 (5天、20℃)	不超过5,冰封期不超过3
7	总大肠菌群	不超过5 000个/升(贝类养殖水质不超过500个/升)
8	汞	≤0.000 5
9	镉	≤0.005
10	铅	≤0.05
11	铬	≤0.1
12	铜	≤0.01
13	锌	≤0.1
14	镍	≤0.05
15	砷	≤0.05
16	氰化物	≤0.005
17	硫化物	≤0.2
18	氟化物	≤1
19	非离子氨	≤0.02
20	凯氏氮	≤0.05
21	挥发性酚	≤0.005
22	黄磷	≤0.001

（续表）

序号	项目	标准值（单位：mg/L）
23	石油类	≤0.05
24	丙烯腈	≤0.5
25	丙烯醛	≤0.02
26	六六六（丙体）	≤0.002
27	滴滴涕	≤0.001
28	马拉硫磷	≤0.005
29	五氯酚钠	≤0.01
30	乐果	≤0.1
31	甲胺磷	≤1
32	甲基对硫磷	≤0.0005
33	呋喃丹	≤0.01

表6-2　NY5052—2001无公害海水养殖水质标准

序号	项目	标准值（单位：mg/L）
1	色、臭、味	海水养殖水体不得有异色、异臭、异味
2	大肠杆菌，个/升	≤5000，供人生食的贝类养殖水质≤500
3	粪大肠杆菌，个/升	≤2000，供人生食的贝类养殖水质≤140
4	汞	≤0.0002
5	镉	≤0.005
6	铅	≤0.05
7	六价铬	≤0.01
8	总铬	≤0.1
9	砷	≤0.03

（续表）

序号	项目	标准值（单位：mg/L）
10	铜	≤0.01
11	锌	≤0.1
12	硒	≤0.02
13	氰化物	≤0.005
14	挥发性酚	≤0.005
15	石油类	≤0.05
16	六六六	≤0.001
17	滴滴涕	≤0.00005
18	马拉硫磷	≤0.0005
19	甲基对硫磷	≤0.0005
20	乐果	≤0.1
21	多氯联苯	≤0.00002

三、提高对海水水质的监测强度

海水水质的状况对于海水养殖业来说具有重要影响，如果养殖海域海水污染较为严重，将会对海水养殖的产量和质量安全产生严重威胁，因此必须加强对海水污染的监测强度。

第一，要科学制订海水监测计划。一方面，要按照计划任务、行政规划或者合同规定来设计监测范围、站位、项目、频率和层次，从而有效制订海水监测计划，充分考虑到人员技术装备水平、物质保证、点位图表、参考水深、时间安排、补给地点、采样项目、数量以及预算和出海物品携带表等内容。另一方面，要科学制订质量保证和控制计划，质量保证计划要将组织机构、工作人员、数据的质量保证目标、采样、分析方法标准操作规范、数据确认、剔除和报出系统审核和评价数据程序等内容包含在内，质量控制计划也要尽可能覆盖所有项目,实现有效性和准确性的有机统一。

第二,要加强有效监测点位布设的质量保证和质量控制。布设原则方面,要根据监测计划结合现实自然特征,综合各方面因素提出有效的优化布点方案;监测断面方面应当坚持近岸较密和远岸较疏、重点区较密和对照区较疏的原则。

第三,要加强海水样品采集和流转的质量保证和质量控制。具体来说,仪器设备的校准与核查,采样容器的洗涤和管理,采样设备和容器的选择,样品采集的质量保证与控制,样品的保存和运输以及样品的流转和废弃等内容都要纳入质量保证计划,给予足够的重视。

第四,要加强海水样品分析的质量保证和质量控制。分析仪器的校准严格按照标准要求进行操作,必须采用国家海洋环境监测中心统一配备的标准溶液,各种海水样品也应当遵循相应的原则进行处理、分析与保存。

第五,建立海水养殖水质监测系统。可以利用多环境因子职能监控系统,采用监测硬件电路对海水水质数据进行采集,并且通过 PC 机进行回归分析进而得出海水水质变化的趋势,提高对海水水质的监测水平,这就为建立海水预警机制提供了技术上的可能性。

第六,建立无人机航空监测基地。2012 年国家海洋局就提出在沿海省市建立无人机航空监测基地,这对于保护我国海洋安全能够起到重要的保障作用,对海洋环境的保护和实时监测也能收到很好的效果。这种现代化的技术手段应当在经济条件和技术条件允许的情况下进行普及。

四、加强对海水养殖水域海水污染的治理

控制养殖用水污染的措施通常包括物理方法、化学方法、生物修复方法以及推行健康养殖模式等,其中物理方法包括设置栅栏、安置筛网、采用沉淀池以及进行过滤处理,化学方法包括重金属去除法、氧化还原法、混凝法、消毒法以及脱氮法,生物修复方法包括

微生物净化剂和浮球式生物滤法。具体来讲,加强海水养殖水域海水污染治理要从以下几个方面入手。

第一,大力宣传健康养殖模式,控制养殖密度和养殖容量,定期轮换养殖区,由粗放式向集约化养殖模式发展。采用混养等养殖模式能够合理利用养殖生物之间的代谢互补性来消耗多余的代谢物,减少养殖生物对海水水质的污染,如混养虑食性生物,包括扇贝、牡蛎和罗非鱼,还有移植底栖动物和培养大型海藻也能有效改善海水生态环境。海水循环养殖可以有效避免残饵和排泄物进入养殖海域,同时可以减少药物的投入对海水造成污染的风险。另外,合理确定养殖容量也是海水养殖业可持续发展的必要条件,超出水体自身承载能力的养殖密度和养殖容量会严重破坏海水水质,所以应当尽量确定水体对于海水养殖的承载能力,科学规划养殖密度和养殖容量。

第二,提高海水养殖管理水平,对投放饲料和药物进行严格的管理。残余饲料是海水养殖废物的主要构成之一,饲料的投入品种和投入量控制不当都会影响海水养殖水域的水质状况,根据海水温度、溶解氧、季节和鱼体大小等因素的变化及时调整饲料品种、用量和投放周期是行之有效的方法。药物的投放也要按照操作规范科学地进行,避免渔药投入不当加剧养殖水体的污染程度。

第三,加强对海水养殖污染的治理。工厂化养殖和近海网箱养殖会产生污染废水,对于工厂化养殖的外排水,应当进行一定程度的处理或者采取循环用水措施,净化废水中的颗粒物、氮、磷和各种有机物;对于海水网箱养殖来说,应当定期更换网箱养殖区,及时清理养殖排泄物和动物尸体,适当养殖部分藻类植物以达到降低海水污染的目的。

第四,合理调整海水养殖结构,推动海洋牧业化发展。集约化海水养殖水域营养水平比较高,而大型海藻可以有效吸收多余的营养盐,动物和海藻间养能够降低水质的营养负荷,如贝藻混养、虾藻混养和鱼藻混养等。海洋牧业化指的是将水产品培育到一定阶段后,放回自然海域继续养殖的一种养殖模式,唯一的问题是如何保证放回的水产品依旧处在养殖者的控制范围之中,这有待于进一步研究完善。

第五,充分利用先进技术,如利用弧形筛和生物净化池净化工厂化养殖废水。工厂化海水养殖已经成为我国沿海地区海水养殖的主要模式之一,烟台开发区天源水产公司采用的弧形筛和生物净化池技术能够有效去除残饵和排泄物等悬浮物、无机氮与无机磷,对于工厂化海水养殖废水处理具有较高借鉴价值。再如利用袋式过滤、连续超滤技术和紫外线杀菌组合工艺对海水养殖水进行循环处理,不但对成本控制有帮助,而且据实验表明运用此法处理过的水质可以达到渔业养殖用水标准。

第六,严格控制沿海地区工业污染。一方面对现有工业污染要加大控制力度,环保等行政主管部门要加强环境监察强度,对不符合国家环保规定的企业通知定期整改,加大处罚力度。另一方面对新申报的高污染项目要谨慎审批,多听取群众意见,做好环境保护综合评估,对污染不达标的地区可以暂缓新工业项目的申报与审批。

第四节 加强对投放药物的管理和开发

2013 年 3 月 1 日起正式实施的 GB2763—2012《食品中农药最大残留限量》是目前我国农药残留监管领域的唯一强制性国家标准,其中对于新农药最大残留限量标准达到 2293 个,比原标准增加了 1400 余个,对于食品农药残留标准进行了统一的规范。

海水养殖过程中必然要投放药物,这类药物可以称为渔药,但严格来说应当将其定义为水产用兽药,"渔"这个字来源于行业名称,只不过渔药这个词已经成为一种称呼习惯,以下我们也称之为渔药。渔药指的是"为了提高水产增养殖产量,被用来预防、控制和治疗水生动植物的病、虫、害,促进养殖对象健康生长,增强机体抗病能力以及改善养殖水体质量所使用的物质"。根据 2013 中国渔业年鉴的统计数据,2012 年我国渔用药物产值为116 648.64万元,同比 2011 年减少了 14 914.24 万元。我国目前渔药大概有 144 个品种,具体来说包括抗微生物类药物、驱杀寄生虫药物、消毒类药物、微生物制剂、调节水产养殖动物生理机能的药物、环境改良剂、水产用疫苗和中草药制剂。我国海水养殖渔药使用存在的问题主要有盲目用药、渔药质量问题、渔药使用不规范等,这对海水养殖产品自身的质量安全会构成一定程度的威胁,因此我们必须对海水养殖用药加强管理和开发,具体来说有以下几个方面的内容。

第一,宣传规范用药的重要性,科学规划渔药使用量、使用品种和使用周期。海水养殖规范用药是保障水产品食品安全和海水养殖业可持续发展的必要途径,因此必须加强对于养殖户和养殖企业规范用药的培训,鼓励安全规范用药,科学选择渔药品种,合理确定用药周期。消毒剂、水质改良剂和单纯的中草药都可以作为预防海水养殖产品疾病的渔用药物,其中消毒剂是用量比较大的一种。采用的消毒剂应当具备用量少、消毒效果好以及不会导致病原体产生耐药性和有害物质残留等特点,如二氧化氯制剂。

第二,建立渔药残留检测监控体系。渔药残留指的是"水产品的任何食用部分中渔药的原型化合物或者代谢物,并包括与药物本体有关的杂质在其组织、器官中蓄积、储存或者以其他方式保留的现象"。渔药残留检测是水产品检验检测体系的一部分,也是不可或缺的一部分,应当建立完善的渔药检验检测网络,在海水养殖区域的乡镇更要设立渔药检测点,同时也要鼓励大型水产品交易市场和规模较大的海水养殖产品加工企业自发建立渔药残留检测机构,并成为渔药残留检测监控体系的重要组成部分。

第三,加强渔药理论研究。渔药学研究是渔药安全使用的基础,渔药的疗效、毒性和渔药浓度之间的关系是渔药学的研究内容,对这些内容的深入研究有助于科学地使用渔药和确定用药周期,有助于新型药物的开发研究和为渔药合理使用提供足够的依据。海水养殖动物种类繁多,因此对于渔药的基础性研究必须加强,研制针对性较强的渔药是海水养殖业发展的重要保证。

第四,实行渔药处方制度。建立渔药处方制度可以有效地对渔药使用情况进行控制,可以实行总渔药师制,出台国家层面的渔药清单和处方药清单,将渔药纳入《兽药管理条例》的规制范围,将渔药处方人员纳入人事职称范畴,从法律和制度上保障渔药处方制度的实行。

第五,鼓励支持新型渔药、无公害渔药、渔药替代制剂以及渔用疫苗的开发研究。据统计我国渔药生产厂家有 100 多家,但是工艺技术落后、产品疗效差和档次低的现象比较普遍,因此无公害渔药的研究开发是促进海水养殖业和渔药业可持续发展的重要途径。新型渔药包括渔用疫苗、天然中草药制剂、微生物制剂和生物渔药等。生物渔药是目前渔药业发展的潮流之一,具有绿色、安全等特点,可以有效促进药效实现和保护生态环境的和谐统一。目前我国中草药制剂主要应用于淡水养殖,但是对于工厂化海水养殖模式来说也具有很高的借鉴价值,如通过水煎煮法、微波乙醇提取法和微波水提取法提取的五倍子和石榴皮的提取液就有很好的抑菌、杀菌效果,此外黄连、黄芩和乌梅的提取液也能达到类似的效果,而且采用中草药是避免产生耐药性的重要途径。渔药替代制剂的研发也应当引起重视,从源头上掐死使用违禁药物发生的途径,如孔雀石绿替代制剂。我国渔用疫苗的研究基础较为薄弱,起步比较晚,免疫防治已经成为水产动物病害控制的主流方向,因此加强水产品免疫学和免疫制品研究是必然选择。

第六,提高我国水产品渔药残留标准水平。CAC(国际食品法典委员会)是政府间协调国际食品标准法规的国际组织,与 CAC限量指标相比,我国水产品渔药残留标准还有许多问题,如规定过于笼统,涉及渔药品种数量少以及标准制定缺少风险评估等。我国目前涉及水产品中药物残留的标准主要有《无公害食品渔药使用准则》(NY5071—2002)和《无公害食品水产品中渔药残留限量》(NY5070—2002),后者规定我国水产品不得检出氯霉素、呋喃唑酮、己烯雌酚,而喹乙醇、金霉素、土霉素、四环素、磺胺类以及增效剂等则允许在水产品表面或者内部可检出的最高浓度为 100 μg/kg。具体来说我们应当从以下几方面着手:一是在制定标准时将水产品进行科学的分类;二是扩大目前水产品渔药残留限量标准覆盖的范围;三是客观规定禁用渔药,加快渔药替代制剂的开发;四是加强标准制定风险评估研究;五是学习、借鉴发达国家渔药残留限量标准制定的先进经验。

第七,严禁添加违禁药品和激素,加大查处和惩罚力度。《饲料和饲料添加剂管理条例》和《无公害食品渔用饲料安全限量》(NY3072—2002)都对饲料和饲料添加剂中直接添加兽药、激素和其他违禁药品的行为进行了禁止,海水养殖户和养殖企业要以法律法规为基础加强自律,政府相关部门也要依据法律法规加强管理,增加违法成本,对添加违禁药品和激素的养殖行为进行坚决的打击。

第八,加强对渔药生产经营企业的检查,杜绝违禁药品的生产和销售。2005 年以后我国就已经对渔药生产企业强制实施了GMP 认证制度,对渔药生产企业和销售企业加强检查和监督是保证渔药业健康发展的必然选择,对渔药商品号、批准文号、批号和生产日期等重要内容要进行备案登记,实施严格的渔药准入制度,对渔药经营许可证的审核与颁发充分重视,对不符合《兽药管理条例》的渔药坚决进行查处。

第九,合理储藏和保管渔药。渔药的储藏与保管对于渔药的安全使用具有重要影响,因此应当将外用药物和内用药物、名称容易混淆以及性能相反的药品分开进行储藏,如酸类药品和碱类药品,同时要根据渔药本身的特性进行储藏和保管,如二氧化氯易燃易爆、抗生素容易过期失效、中草药制剂容易发霉变质等。

第十,严格作好渔药使用记录。《水产养殖质量安全管理规定》和《无公害食品渔药使用准则》(NY5071—2002)等相关法规都要求水产养殖户和养殖企业作好养殖用药记录,记录应当由专人负责,对水质状况、饲料和渔药使用相关情况进行记录,养殖用药记录应当保存至本批水产品销售后两年。

第十一,建立客观、全面的渔药评价指标体系。客观、全面的渔药评价指标体系对于促进渔药业的健康发展具有重要意义。一般来讲,渔药的评价主要偏重于药效学和毒理学的评价。药效评价通常以治愈率作为主要检测指标,但是这种评价方式存在一些弊端,所以离体测定的办法通常会被采纳。对于抗生素药效的评价指标具体包括 MIC(最低抑菌浓度)、MBC(最低杀菌浓度)、FIC(抑菌浓度指数)和 PAE(抗菌后效应)等。渔药毒理学的评价则要充分考虑到渔药亚急性毒性、蓄积毒性、慢性毒性、特殊毒性以及渔药对养殖动物生理和海水生态环境的影响。

第十二,建立渔药行业协会。渔药行业协会一方面有助于行政主管部门加强对渔药生产和销售的管理,另一方面有助于渔药生产和经营企业行业自律性的提高,提高渔药行业的自治性。充分发挥行业协会的催化剂作用,既达到了降低行政管理成本的作用,又易于实现加强渔药管理的效果。

第五节　鼓励海水健康养殖模式的推广

海水健康养殖的概念最早诞生于 20 世纪 90 年代,那时海水养殖业可持续发展理念方兴未艾,针对传统海水养殖模式,以现代先进生物技术和环境工程技术为基础逐渐形成了海水健康养殖概念。一般来讲,海水健康养殖模式包括三方面的内涵,即技术、产品和环境。技术方面主要有选择优良的苗种、饲料、药物以及先进的养殖模式,如采用生态养殖技术,利用生物净化技术和养殖水质的生态调控技术及生态防病技术等;产品方面既要对质量有要求,也要对产量有要求,实现经济效益和食品安全的有机统一;环境方面要尽可能达到无公害的效果,实现行业发展与环境保护的有机统一。建立海水健康养殖模式是 21 世纪海水养殖业健康发展的必然选择,是全球经济一体化背景下各国渔业经济发展的必然选择,也是保障海水养殖产品食品安全的必然选择。

从 Human behavior(人性行为)角度来讲,在市场经济中,理性人是趋利的,而且在我国社会保障制度发展水平还达不到部分西方发达国家的高度和幅度的情况下,百姓自然会在住房、医疗和教育等压力下更加努力地追求经济利益,海水养殖户和养殖企业自然希望单位面积内养殖数量尽可能得多,因病害造成的养殖减产尽可能得少,于是,养殖密度过大、不恰当地投放饲料和药物等现象便逐渐增多,对于海水养殖产品质量安全构成了较大威胁。针对这种情况,政府应当给海水养殖业提供坚强的后盾,解除其后顾之忧,通过财政补贴、税收等方式鼓励健康养殖模式的推广,对积极采纳健康养殖模式的养殖户和养殖企业实施激励机制。

从具体措施来讲,建立海水健康养殖模式,首先要科学制定海水养殖发展规划,合理调整养殖结构,控制海水养殖密度和养殖规模。其次,要对养殖环境加强监测、观察和治理,健康养殖与良好的养殖环境密不可分。第三,要加强饲料和药物的管理和开发。第四,重视培育和引进优良品种。第五,重视科技创新和人才培训,利用先进技术提高海水养殖的科技含量,推进科学养殖方法的传授与推广。第六,推广无公害水产养殖技术规范,推进海水养殖标准化建设。第七,鼓励海水养殖户和养殖企业建立严格的质量管理制度和可追溯制度,将相关养殖数据和资料妥善保存。第八,政府、高校、科研机构和媒体应当联合对海水健康养殖模式进行宣传,普及相关健康养殖理念和养殖技术。第九,推进基础设施建设,建立健康养殖示范基地。第十,鼓励封闭式工厂化循环水养殖、多品种食物链立体养殖以及微生物制剂调水防病养殖等现代养殖模式的推广。

举例来说,刺参工厂化生态节能型养殖模式就是以工厂化无公害养殖技术为基础,充分利用微生物制剂,如光合弧菌和蛭弧菌,通过控制水温解除刺参养殖的夏眠和越冬技术,从而有针对性地解决了刺参养殖成活率低、养殖周期长的弊端。三门青蟹虾蟹贝混养模式,采用滩涂围塘养殖方式与脊尾白虾、泥蚶和缢蛏进行立体混养,有效分散了单独养殖青蟹的风险,有利于综合利用区位资源优势,可以在显著提高经济效益的同时对环境保护也有较大的贡献。

第六节 建立海水养殖疾病防治和检测体系

海水养殖疾病对海水养殖业的危害越来越引起重视。海水养殖疾病不但会对养殖产量造成影响,更为重要的是对海水养殖产品食品安全产生了严重的威胁,2006 年水产养殖疾病给水产养殖业造成的直接经济损失就高达 115.08 亿元。建立海水养殖疾病防治和检测体系是针对海水养殖病害问题的有效解决途径,是促进海水养殖业可持续发展的保证。一般来讲水产养殖疾病主要有病毒性疾病、细菌性疾病、真菌性疾病和寄生虫疾病等,降低海水养殖疾病的发生概率需要对养殖环境、养殖设施、育苗、养殖密度、水质环境、饲料和药物投入以及养殖管理等多方面内容进行综合管理。

在主体方面,海水养殖户和养殖企业、政府相关部门、水产品加工企业和相关科研机构都要提高针对海水养殖产品疾病的检验检测能力。海水养殖户和养殖企业是海水养殖产品的上游生产者,肩负着打击病害的重要责任,有必要提高其水产品病害的检验检测能力,及时对病害做出反应,使用有针对性的药物和药物替代制剂进行处理;政府相关部门要进行机构和业务方面的整合,加大对海水养殖产品疾病的检验检测强度,建立针对病害的预警和应急处理机制,同时肩负着帮助海水养殖户和养殖企业提高检验检测能力的责任;水产品加工企业是海水养殖产品进入加工领域的守门人和操作者,因此也应当提高自身的水产品疾病检验检测能力,防止病害水产品混入加工原料;相关科研机构则担负着技术创新和理论指导的重任,检验检测技术、检测设备的升级创新,海水养殖疾病理论及实践研究等工作很大程度上要交给科研机构来负责,当然,这里讲的科研机构既包括独立的科研机构和高校,也包括企业自身的科研部门。

在具体措施方面,一要鼓励健康养殖模式的推行,科学规划养殖密度和养殖容量。在经济利益的刺激下,追求利益最大化是市场主体在市场操控下理性的选择,于是养殖超标便成了较为普遍的现象,这不但会对养殖海域的水质环境造成巨大影响,还会对海水养殖产品自身的品质产生消极影响,增加病害发生的概率。所以,要加强对养殖容量的研究和评估,合理规划养殖密度和养殖容量。二要合理使用饲料和药物等投入品。对于饲料和药物等投入品的品种和用量都要足够重视,饲料投入不当会加剧水质污染,增加养殖产品患病的概率;药物投入过量不但会加剧水质污染,更为重要的是由此造成的药物残留和副作用会进入供应链,造成较为严重的食品安全问题。三要科学制定休药期。渔药投入之后,会经历一个逐渐吸收和衰减的过程,休药期规定就是针对渔药残留而制定的,必须将渔药残留控制在最高残留限量标准以下。四要选择优良苗种进行培育。一方面海水养殖户和养殖企业要选择优良的苗种进行培育和养殖,另一方面要加强对优良苗种的培育和研制,保留苗种优良遗传基因,提高苗种自身的抗病能力和生命力,从源头上降低海水养殖产品疾病发生的概率。五要建立健全海水养殖产品疾病检验检测体系。要合理整合海水养殖病害检验检测机构、检测人员和检测网络,建立海水养殖病害预警和应急处理机制,对发生的海水养殖病害情况及时做出反应,有效进行处理和通报,防止病情扩散。

据 2012 年 4 月召开的刺参健康养殖与产业可持续发展研讨会数据显示,山东省海参养殖面积达到了 80 万亩,年产量高达 7.1 万吨,已经占到了全国海参产量的一半以上,养殖年产值高达 160 亿元,堪称山东省第一大海水养殖产业。下面我们以刺参养殖疾病防治为例子进行分析。

刺参的致病原因主要分为生物病原和非病原生物因素,其中生物病原因素包括细菌和霉菌,具体来说细菌又包括溶藻弧菌 *Apostichopus japonicus*、杀鲑气单胞菌 *Aeromonas salmonida*、中

间气单胞菌 *Aeromonas media*、海弧菌生物变种Ⅰ*Vibro Pelagius biovar*Ⅰ、假交替单胞菌 *Psevdoalteromonas nigrifaciens*、灿烂弧菌 *Vibrio splendidus*、弧菌 *Vibro tapetis*、病菌 *Marinomonas dokdonensis* 和弧菌 *Vibrio lentus*，霉菌包括纤毛虫、刺参扁虫、猛水蚤 *Microsetella sp.*、刚毛藻、麦秆虫、海鞘 *Ciona intestinalis*、穴居类生物、日本鲟、三疣梭子蟹和海盘车等，非病原生物因素则包括通气量过大、氨与亚硝酸盐中毒、盐度降低幅度过大、幼体培育密度过大、饵料品质不佳或者品种单一、水质污染和水体分层等因素。除此之外，对于刺参病毒疾病的研究也在逐步深入。对虾和扇贝曾经爆发过的病毒疾病就是很好的教训和借鉴。

除了上面阐述过的海水养殖疾病防治具体措施外，刺参免疫因子研究也能够有效提高刺参自身免疫能力，从而在根本上提升刺参抗病能力。细胞免疫和体液免疫是刺参免疫学的研究重点，体腔液各免疫因子作用目前已经得到证实，可以说刺参免疫机制和免疫因子研究是解决刺参疾病灾害的重要技术手段。

第七节　建立完善的海水养殖业灾害保障机制

随着自然环境的恶化以及自然灾害的增多，海水养殖业受到越来越严重的威胁，2009 年冬天黄渤海海域发生的大面积海冰灾害就给山东省海水养殖业造成了直接经济损失 105.575 亿元，损失养殖产品高达 10 万多吨。根据《中国渔业年鉴（2013）》的统计数据，2012 年因渔业灾害造成的直接经济损失高达 2 373 948.82万元，其中水产品经济损失 1 942 836.61 万元，渔业设施经济损失431 112.21万元，由此可见海水养殖户和养殖企业承担着巨大的经济压力。严重自然灾害给海水养殖户和养殖企业带来的将是灭顶之灾，在如此压力下，海水养殖户和养殖企业自然会千方百计追求经济利益，以弥补可能出现的灾害损失，养殖密度过大、过量投放药物和饲料的危害海水养殖产品食品安全的行为自然就产生了。

这时候,如果有一个保障机制来解决养殖者的后顾之忧,在没有巨大生活、经济压力的情况下,一些不恰当的极端养殖行为自然会减少。

海水养殖业灾害保障机制主要是针对海水养殖户和养殖企业遭受灾害损失而建立的一种综合保障机制,政府救助、社会救助、政策性渔业保险、商业保险和互助保障等都应当纳入海水养殖业灾害保障机制的范畴内。

政府救助保障范围比较广,也不存在商业保险普遍的繁杂赔付条件,但问题是政府财政拨款额度有限,无法完全满足海水养殖业的发展需求,在发生灾害的情况下,政府救助的金额肯定无法完全弥补养殖者的损失。如果加大政府救助的力度,又会减弱养殖者自主保障的积极性。

社会救助是由非营利性的社会援助机构来承担保障主体的责任,这种保障模式注定无法成为海水养殖业灾害保障机制的主要内容,原因有二:一是社会援助机构的资金有限,而且要顾及国计民生的各个方面;二是海水养殖业高投入、高风险的特点决定了一旦遭遇灾害损失,赔付金额将是一笔巨大的数字,社会救助没有能力、也没有义务为海水养殖业的灾害损失全额买单。

互助保障是依靠人与人之间的关系网来建立的,当某地发生海水养殖灾害时,其他地区的海水养殖业将产生联动效应,对受灾养殖区进行一些救助,如两个城市建立互助联动网络。但是这种救助方式效率低、效果差,而且无法起到稳定、持久的作用。

政策性渔业保险是政府通过政策扶持和财政补贴等手段参与到海水养殖灾害保障工作而建立的,是一种带有部分强制性和非营利性特征的保障模式,一般通过法律法规对相关事宜进行规定,强制性地将该保险与其他渔业政策优惠结合起来。2008 年中央财政渔业互助保险保费补贴试点项目就对政策性渔业保险的发展起到了很大的推动作用,但是政策性渔业保险还主要集中在渔船和渔民领域,对于海水养殖业的涉及还有待于进一步加大,目前来看,我们应当将海水养殖保险也纳入到政策性渔业保险的范畴内,分享中央财政补贴和政策扶持。

我国海水养殖业商业保险业务发展缓慢,20 世纪 80 年代初水产养殖保险业务就已经开展,但是赔付比率相当高,所以海水养殖业高风险的特征使得商业保险公司一般不愿涉足水产养殖保险领域。根据《中国渔业年鉴(2013)》的统计数据,2012 年我国海水养殖和淡水养殖的总产值为 64 593 546.48 万元,如果按照 25% 的投保比例和 5% 的平均费率计算,将产生高达 80 亿元的保费,这说明针对水产养殖(包括海水养殖),商业保险并非无利可图,而造成海水养殖商业保险业务发展举步维艰的难题就是海水养殖高风险造成的高赔付率。针对这个问题,可以通过商业再保险模式来解决。商业再保险主要是将巨额的保险责任转分给几个再保险人承担,再保险人可以通过转分保实现风险的尽量分散,甚至可以扩展到全球范围内。通过商业再保险,可以将商业保险公司巨大的赔付压力转嫁给数家保险人,甚至政府也可以作为再保险人进行担保,从而给海水养殖商业保险提供坚强的后盾。

综上所述,根据海水养殖业的特点,笔者认为政策性渔业保险和商业再保险应当在海水养殖业灾害保障机制中起到支柱作用,政府救助、社会救助以及互助保障等方式只能起到辅助作用,与政策性渔业保险和商业再保险一起构建起海水养殖业灾害保障机制。

第八节　建立水产品产地监督抽查抽样制度

严格来讲,水产品产地监督抽查抽样制度是水产品质量检验检测体系的一部分,应当列入第八章进行合并论述,但产地监督抽查抽样制度发生在养殖阶段,而且为了使养殖阶段海水养殖产品食品安全保障体系更加丰满、健全和完善,所以在本章进行简要的论述。

水产品产地监督抽查是指政府相关渔业管理部门组织、联合水产品质量检验检测机构和渔业执法部门对水产养殖户及养殖企业进行强制性的现场抽检，并且该检测结果可以作为渔业执法的依据。建立水产品产地监督抽查抽样制度能够有效提升养殖阶段海水养殖产品食品安全水平，及时发现并处理质量安全问题。尽管这对政府相关管理部门提出了比较高的要求，但是对海水养殖户和养殖企业是一种高强度的监督，可以达到立竿见影的食品安全管理效果。

现场抽样是水产品产地监督抽查抽样制度的重点环节，对于之后的检测结果具有重要影响，因此必须在工作人员、材料工具、抽样过程、保存、运输和样品交接方面进行有效的管理和质量控制，确保抽样检测结果的真实性和有效性，为海水养殖产品食品安全管理提供有力的参考，从而为建立海水养殖产品食品安全管理体系打下坚实的基础。

第九节　小结

综上所述，养殖阶段海水养殖产品食品安全保障体系已经初步建立起来。本章主要以海水养殖四个基本要素（饲料、苗种、水质和渔药）作为研究基础，以海水健康养殖模式、海水养殖疾病防治和检测体系、海水养殖业灾害保障机制以及水产品产地监督抽查抽样制度作为重要辅助，最终形成了养殖阶段海水养殖产品食品安全保障体系8项基本制度。

第七章 加工阶段海水养殖产品食品安全保障体系

　　根据《中国渔业年鉴(2013)》的统计数据,2012 年我国水产品加工总量达到 19 073 913 吨,同比 2011 年增加了 6.99%,其中海水加工产品为 15 634 032 吨,同比 2011 年增加了 5.8%,占水产品加工总量的比重达到了 81.97%;2012 年我国水产品加工企业为 9 706 家,同比 2011 年增加了 0.99%,其中规模以上加工企业为 2 737 家,同比 2011 年增加了 3.36%,2012 年水产品加工能力为 26 380 416 吨,同比 2011 年增加了 8.59%;2012 年我国水产冷库 8 835 座,同比 2011 年减少了 3.68%,冻结能力为每天 588 946 吨,同比 2011 年降低了 13.09%,冷藏能力为每次 4 515 020 吨,同比 2011 年增加了 5.57%,制冰能力为每天 245 369 吨,同比 2011 年增加了 2.35%。

　　纵观各省、直辖市和自治区,2012 年水产品加工总量排名前三位的分别为山东省 5 946 635 吨,同比 2011 年增加了 5.71%,福建省 2 905 173 吨,同比 2011 年增加了 6.13%,浙江省 2 207 803 吨,同比 2011 年降低了 1.23%;2012 年水产品加工企业数量在全国排名前三位的分别是浙江省 2174 家,其中规模以上加工企业 368 家,山东省 1941 家,其中规模以上加工企业 687 家,广东省 1130 家,其中规模以上加工企业 131 家;2012 年水产品冷库数量排名前三的分别为山东省 2 122 个,浙江省 1 421 个,江苏省 1 133 个;2012 年冻结能力排名前三的分别为山东省每天 280 917 吨,湖北省每天 72 864 吨,辽宁省每天 68 708 吨;2012 年冷藏能力排名前三的分别是山东省每次 1 506 316 吨,浙江省每次 877 782 吨,辽宁省每次 647 740 吨;2012 年制冰能力排名前三的分别为山东省每天 98 746

吨,浙江省每天 32 370 吨,福建省每天 20 555 吨。

从数据中我们可以看出:2012 年水产品加工企业的数量几乎与 2011 年持平,仅增加了 95 家,但是年水产品加工能力却增加了 2 086 743 吨,相比 2011 年增幅达到了 8.59%,说明 2012 年我国水产品加工企业的整体规模在迅速发展,小型加工企业将随着社会经济的发展逐渐退出主流水产品加工市场。

2012 年 11 月农业部渔业局召开了全国水产品加工业发展促进工作会议,对我国水产品加工业的发展方向、发展任务和发展模式进行了详尽的说明,有利于进一步促进我国水产品加工业健康发展。海水养殖产品食品安全保障体系的建立离不开加工阶段海水养殖产品食品安全保障体系,本章我们就对加工阶段的海水养殖食品安全保障体系展开论述。

第一节　GMP 与 SSOP

通常一个完整意义上的水产品质量安全预防控制体系,应当包括 HACCP 计划、GMP(良好操作规范)和 SSOP(卫生标准操作程序)三个方面,GMP 和 SSOP 是企业建立以及有效实施 HACCP 计划的基础条件。与 HACCP 相关的内容我们将在第十章重点环节建设中论述,所以本节内容以 GMP 和 SSOP 为主。

一、GMP(Good Manufacturing Practices)

GMP,也称良好操作规范,是政府强制执行的食品生产和贮存卫生法规,是一种特别注重生产过程中产品质量与卫生安全的自主性管理制度。良好操作规范要求食品生产企业为了保证食品质量安全,应当具备良好的生产设备、合理的生产过程、完善的质量管理和严格的质量检测系统。目前世界上有 100 多个国家和地区已经实施、或者正在准备实施 GMP,根据制定主体的不同,GMP可以分为三种:一是国家制定的 GMP,如我国的《药品生产质量管理规范》；二是多国联合制定的 GMP,如欧盟和东盟的《良好操作规范》；三是国际通用的,如世界卫生组织颁布的《良好操作规范》。

GMP 的三大目标可以概括为:第一,减少食品加工过程中人为因素的消极干扰;第二,防止食品在生产加工中产生质量问题;第三,建立完善的质量管理体系。为了实现这三大目标,GMP 对包括食品生产、加工、包装、贮存和运输等环节在内的内容作了规定,具体内容详见表 7-1。

表 7-1　良好操作规范

工厂设计与设施的卫生要求	人员卫生与健康的基本要求	原料与辅料的卫生要求	生产与加工过程的卫生要求	卫生与质量检验的要求	成品包装、贮存与运输的卫生要求	工厂的卫生管理与食品安全控制

目前我国适用于水产品加工的食品加工企业操作规范主要包括 GB14881—1994《食品企业通用卫生规范》、SC/T3009—1999《水产品加工质量管理规范》、GB/T20941—2007《水产食品加工企业良好操作规范》和 GB/T27304—2008《食品安全管理体系 水产品加工企业要求》等。GB14881—1994《食品企业通用卫生规范》是食品加工企业通用的 GMP,规定了食品企业的食品加工过程、原料采购、运输、贮存、工厂设计和设施的基本卫生要求及管理准则,主要为从事食品生产、经营的企业提供操作卫生方面的指导规范。GB/T20941—2007《水产食品加工企业良好操作规范》主要对水产品加工企业的厂区相关设计、设备与工器具、人员管理与培训、原料控制与管理、加工过程控制、质量控制、卫生管理、产品贮存与运输、相关档案记录以及产品召回等方面作了规定。

二、SSOP(Sanitation Standard Operation Procedure)

SSOP,也称卫生标准操作程序,指的是食品加工企业为达到

GMP 规定的要求、保证加工的食品符合卫生要求而制定的指导性文件,目的是指导企业在食品生产加工过程中实施清洗、消毒和保持卫生。1995 年 2 月美国颁布的 9CFR Part304《美国肉、禽类产品 HACCP 法规》中首次要求建立 SSOP 计划。我国卫生部 2002年 7 月 19 日发布的《食品企业 HACCP 实施指南》对企业有关卫生条件和规范进行了说明,规定卫生标准操作程序所包括的至少 8项内容详见表 7-2。

表 7-2　卫生标准操作程序

与食品接触或与食品接触物表面接触的水或冰的安全	与食品接触的表面的清洁度（包括设备、手套、工作服）	防止发生交叉污染	手的清洗与消毒,厕所设施的维护与卫生保持	防止食品被污染物污染	有毒化学物质的标记、储存和使用	雇员的健康与卫生控制	虫害的防治

水产品加工企业在建立 SSOP 后还应当制定监控程序,实施检查、记录和纠正措施,并且记录存档。水产品加工企业的卫生监控记录应当包括对水质的监控记录、表面样品的检测记录、雇员的健康与卫生检查记录、卫生监控与检查纠偏记录以及化学药品购置、贮存和使用记录。

第二节　建立严格的食品质量安全市场准入制度

严格来讲食品质量安全市场准入制度属于水产品质量安全认

证体系的一部分,但是从无证查处的食品种类看,水产罐头是 2005 年 7 月 1 日起实施强制性 QS 标志认证的第二批食品种类中的一种,水产加工品是 2005 年 9 月 1 日起实施强制性 QS 标志认证的第三批食品种类中的一种,所以针对海水养殖产品的食品质量安全行政许可制度主要集中在水产加工品领域,我们便将这一节内容从水产品质量安全认证体系中独立出来,放在本章进行讨论。

食品质量安全市场准入制度,也称作市场准入管制,是指为了防止资源配置低效或过度竞争,确保规模经济效益、范围经济效益和提高经济效益,政府职能部门通过批准和注册,对企业的市场准入进行管理。美国是世界上第一个通过立法强制实施食品 GMP 认证的,我国是第二个通过立法强制实行食品质量安全认证的国家,也就是说食品质量安全市场准入制度是一种对食品质量的强制性管理,属于政府的行政许可制度。具体来讲就是根据国家相关法律法规规定,在我国境内从事以销售为最终目的的食品生产加工活动的企业,包括国有企业、集体企业、私营企业、"三资"企业、个体工商户、具有独立法人资格的企业分支机构和其他从事食品生产加工经营活动的所有独立生产场所,都必须申请"食品生产许可证",只有获得"食品生产许可证",企业生产的食品才可以在最小销售单位的包装上加贴食品质量安全市场准入标志,也就是所谓的 QS(Quality Safety)标志,该标志的作用是表明该产品已经通过了国家强制性检验,各项指标符合国家相关标准规定的要求,可以进入市场进行销售。

食品市场准入制度的核心内容包括以下三个方面,一是对食品生产加工企业实施生产许可证管理,二是对食品出厂实施强制性检验,三是实施食品质量安全市场准入标志管理,即 QS 标志。食品质量安全市场准入制度的具体规制内容详见表 7-3。"食品生产许可证"编号是由字母"QS"加 12 位阿拉伯数字所组成,即 QS ×××× ×××× ×××× 形式,编号前四位数字为受理机关的编号,中间四位数字是产品类别编号,后四位数字是获证的企业序号。

表7-3 食品质量安全市场准入制度规制内容

食品生产加工企业环境条件的基本要求	食品生产加工企业生产设备条件的基本要求	食品生产加工企业加工工艺和过程的基本要求	食品生产加工企业原材料的基本使用要求	食品生产加工企业采用产品标准的基本要求	食品生产加工企业的基本人员要求	食品生产加工企业产品贮存和运输的基本要求	食品生产加工企业的检验能力基本要求	食品生产加工企业的质量管理基本要求	食品生产加工企业产品包装和标签基本要求

QS认证体系的具体流程我们可以简要分析一下。食品生产加工企业在申办生产许可证时必须提交9项材料,具体内容详见表7-4,"食品生产许可证"的申请工作流程图详见图7-1,食品质量安全监督管理工作流程图详见图7-2。

表7-4 QS认证的申请材料

食品生产许可证申请书三份
有效期内的工商营业执照、卫生许可证、企业代码证复印件各三份(不需办理代码证的除外)
企业法定代表人或负责人身份证复印件三份
企业生产场所布局图复印件三份
标有关键设备和参数的生产工艺流程图复印件三份
企业质量管理文件复印件一份
企业标准文本复印件一份(执行企业标准的企业)
已获得HACCP认证证书、出口食品卫生注册(登记)证的企业,提供证书复印件三份
审查细则要求提供的其他材料

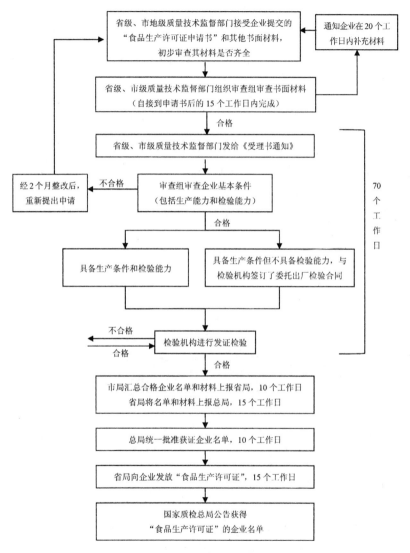

图7-1　"食品生产许可证"申请工作流程

资料来源:张妍.食品安全认证.北京:化学工业出版社,2008:122

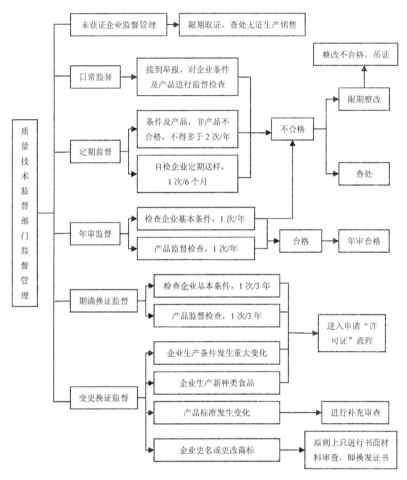

图 7-2　食品质量安全监督管理工作流程图
资料来源：张妍.食品安全认证.北京：化学工业出版社,2008:123

　　目前食品包装并未纳入质量安全市场准入制度的规制范围，这会导致食品包装存在比较大的安全监管空白，下一步对包括食品包装材料、包装规格、包装形式以及包装标识在内的食品包装必然会实施质量安全市场准入行政许可制度。

　　建立严格的水产品质量安全市场准入制度，只是实施市场准入的一部分,我们还需要从以下几个方面做足功课来保障水产品质量安全市场准入制度有效的运转。一要加大宣传力度,使消费者充分了解"QS"标志的重要性,明确告知消费者哪些食品是必须贴有"QS"标志才允许进行销售的,避免消费者因不了解"QS"标志误选了不合格食品。二要逐渐扩大水产品质量安全市场准入制度的覆盖范围,目前来看,生鲜水产品不属于强制"QS"认证的产品范围,而生鲜水产品的消费量是非常大的,这就要求"QS"认证的下一步工作重点就是将生鲜水产品纳入认证范围,提升水产品市场准入制度的有效性。三要加大对销售不合格食品的打击力度,保障具有"QS"标志的食品生产商的合法利益,充分发挥消费者和媒体的社会监督作用。四要加强对批发市场、超市等零售环节的监督管理,一经发现有违反"QS"市场准入制度的行为要坚决纠正,切实保障水产品质量安全市场准入制度能够有效运转。五要以水产品质量安全检验检测结果为参考数据,杜绝检测不合格水产品进入市场流通和销售的可能性,切实保障水产品质量安全。

第三节　加强水产品原料控制和管理

一、水产品原料造成的危害

水产品加工阶段第一个步骤便是水产品原料的运输、装卸和仓储,因此水产品原料造成的危害包括两个方面:一是水产品原料自身存在的危害因素,如渔药残留、病毒、寄生虫以及有害重金属残留等;二是水产品原料在进场之后仓储不当,或者原料清洗和消毒环节处理不彻底造成水产品原料存在危害因素。

二、加强水产品原料控制

第一,水产品加工企业加大对水产品原料的检测力度,提高原料验收把关水平,避免存在质量问题的水产品成为加工原料。水产品加工企业要建立严格的原料检测机制,对采购或采用的水产品原料进行详细且较为完整的质量检测,验收人员也要具备基本的原料鉴别常识与技能,对不符合企业验收标准的按照企业规章进行处理。企业原料检测和验收部门掌控着产品质量把关的第一道环节,对后续流程的产品质量把关有着重要影响。

第二,加强对加工企业水产品原料采购环节的监督管理,坚决打击以回扣等形式为代表的商业贿赂行为。众所周知,企业的采购部门都掌握着原料采购的大权,所以要坚决防范和打击商业贿赂行为。一旦出现这种问题,原料把关和验收环节将会形同虚设,水产品原料的质量安全便无法保证,市场经济秩序也会受到很大威胁。

第三,通过产地抽查等方式加大对水产品原料的检查力度。产地抽查、建立海水养殖疾病防治和检测体系等方式可以一定程度上对水产品原料来源形成比较有力的监督,对于水产品加工企业来讲也可以减轻自身原料检测和验收的难度和工作量。

第四,加强对水产品原料的包装和运输管理。水产品原料在运输过程中必须满足清洁、卫生、冷冻或冷藏、保温、保鲜、保活等要求,相应的运输标识和包装也是保证水产品原料质量安全的重要环节,在包装和运输过程中相关人员和作业环境也不能大意,必须远离有毒有害物质。

第五,对海水养殖原料来源地严格筛选。海水养殖原料来源地是影响水产品质量安全的重要因素,应当选择具有投放药物和饲料完整记录的作为原料来源地,药物和饲料的品种、成分、生产厂家、用量大小以及停药期等重要信息都要包含在内,除此之外,养殖环境、历史信誉、水质监测记录、养殖人员资质证明、养殖场质量管理文件以及产品检测报告等也是筛选原料来源地的重要依据。

三、加强水产品原料管理

第一,加强水产品原料仓储管理,防止在装卸和仓储过程中原料发生腐败、变质或损坏。在完成水产品原料采购和验收环节之后,水产品加工企业需要对水产品原料进行装卸和仓储,水产品由于自身特点容易腐败变质,因此在装卸和仓储过程中一定要严格按照操作流程进行作业,对装卸过程中的卫生条件要格外重视,进入仓库或者冷库后也要定期进行原料储藏条件检查。

第二,严格执行水产品原料清洗和消毒工作流程。水产品原料清洗和消毒是水产品加工的初期程序,主要的目的是消除水产品表面残留的细菌、药物残留以及水产品粪便等污染物,该环节只能对存在于水产品原料表面的有毒有害物质进行处理,对水产品内部的有毒有害物质则无能为力。

第三,建立水产品原料完整的档案记录。水产品原料档案记录的内容应当包括名称、规格、时间、来源、数量以及检测数据等信息,一是方便企业进行内部查询,加强企业内部管理;二是有利于建立水产品质量安全追溯体系,在发生水产品质量安全问题时能够准确定位问题环节,快速进行应急处置。

第四节　加强水产品加工环境管理

一、水产品加工环境不当引起的危害

水产品加工环境的状况对于加工水产品的质量具有重要影响,环境处理不当造成的危害详见表7-5。

表 7-5　加工环境不当造成的危害

水源污染	水源中有害物质超标会直接导致加工水产品污染
外部污染源	如邻近的化工厂、垃圾厂等会导致加工水产品污染
风向	处在外部污染源的下风向会导致污染物飘向水产品加工厂

（续表）

生产流程布局	不合理的生产工艺流程布局会造成生产线布局混乱，同时无污染区与洁净区、生产区与工人生活区、车间内卫生间的布局不当均会导致加工水产品污染
地板和墙壁处理	地板和墙壁处理不当会导致霉变、细菌滋生等问题
防虫防鼠措施	鼠类和昆虫类也是加工水产品的重要污染源，措施不当会使危害产生
空气质量	空气质量不良也是造成水产品污染的重要原因
废弃物处理	废弃物处理不当会造成新的污染源
设备的材质	直接接触食品的设备仪器的材质使用不当会增加污染水产品的机会
设备的安装	设备安装存在清洁死角、缝隙等都会滋生细菌
厂房设备处理	厂房设备不及时清洁会滋生细菌和导致污染物残留
污水的处理	污水排放超标会影响周边环境，造成环境污染

二、加强水产品加工环境管理

第一，加强水源控制。水产品加工厂的生产用水主要包括加工水、洗涤水、冷却水及排放废水。根据国家相关规定，食品加工厂的加工用水必须符合 GB5749—2006《生活饮用水卫生标准》，加工用海水必须符合 GB3097—1997《海水水质要求》，加工用冰必须采用符合生活饮用水水质标准的人造冰。水和冰是水产品加工企业不可或缺的两种工具，水源的质量状况直接关系着加工水产品的质量状况，因此水产品加工企业必须加强水源控制，杜绝污染物超标的水源进入加工领域。至于废水排放控制，主要是针对周边环境进行的考虑，大自然为人类建设了一个伟大且复杂的循环工程，如果水产品加工厂肆意排放未经处理的废水，不但会造成周边环境污染，经过循环过程最终也会对水产品加工厂本身造成危害。

因此,水产品加工厂的排放废水必须符合排放标准,即《GB13457—1992 肉类加工工业水污染物排放标准》,水质污染的指标主要包括残余固形物、生化需氧量、化学需氧量、pH 值、酚类以及各种有毒物,主要的污水处理方法包括物理处理法、化学处理法、物理化学法和生物处理法四种。需要注意的是,水产品加工废水处理技术根据处理程度也可以分为三级,其中一级处理和二级处理属于常规处理,是目前水产品加工厂通常采用的技术,而三级处理能够充分利用循环水资源,虽然技术难度大、资金投入高,但是并不妨碍其成为未来主流工业废水处理技术。

第二,加强设备仪器管理。GB/T27304—2008《食品安全管理体系 水产品加工企业要求》标准条款 5.2.3.1 要求"设备和工器具材料应满足以下两项要求,一是应采用无毒、无味、不吸水、耐腐蚀、不生锈、易清洗消毒、坚固的材料制作,在正常的操作条件下与水产品、洗涤剂、消毒剂不发生化学反应,二是不应使用竹木器具(使用传统工艺和宗教习俗生产加工的产品除外)"。标准条款5.2.3.2要求"设备和工器具涉及和制作应当满足以下两点要求,一是应避免明显的内角、凸起、缝隙或裂口,设备应耐用、易于拆卸清洗,安装应符合工艺卫生要求;二是安装或存放应与地面、屋顶、墙壁保持一定距离,以便于进行维护保养、清洗消毒和卫生监控"。标准条款5.2.3.3要求"专用容器应满足以下两点要求,一是应有明显的标识,可食用产品的容器和废弃物的容器不应混用,废弃物的容器应防水、防腐蚀、防渗漏;二是如使用管道输送废弃物,则管道的建筑、安装和维护应避免对产品造成污染"。保持水产品加工用设备仪器良好的清洁与卫生状况是水产品加工企业的重要日程工作,各种容器、机械设备、管道、传送带等都要采用符合食品加工要求的材质,各种设备的安装和布局也要充分考虑到利于清洁卫生这一关键因素,不要留下清洁死角。用来装废弃物的容器要跟其他设备分区安放,更不允许与其他食品容器混用。

第三,加强厂房环境管理。根据我国《工业企业设计卫生标准》相关规定,工业企业必须设置生产卫生用室和生活卫生用室,其中生产卫生用室包括浴室、更衣室和洗衣房等,生活卫生用室包括休息室、食堂和厕所。对于生产区和生活区都要注意保持良好的卫生、通风、采光和防虫防鼠状况,对于地板、墙壁和天花板等都要定期进行清洁,浴室和厕所等容易滋生细菌的场所要格外注意,必须安排专人定期清理。

第四,合理进行水产品加工厂设计。根据我国《食品安全法》的相关规定,食品生产企业的新建、扩建或改建都应当有计划地按照卫生操作规范进行选址和厂房布局设计,并且接受食品卫生监督机构的监督和检查。在厂房选址方面,功能性要求、卫生要求和建筑要求都要纳入计划范畴,其中功能性要求包括工厂的交通运输条件、地理位置和厂区规模等内容,卫生要求包括周边卫生环境情况和周边居民生活状况,建筑要求包括水源供应、电力供应等配套设施以及地势问题等内容。在厂房布局方面,要遵循以下基本原则:一是总体设计要符合所在地区的整体规划,二是必须符合工厂生产工艺的要求,三是必须满足水产品加工厂卫生要求,四是合理利用周边自然和人文条件,五是总体设计必须符合国家相关规定。具体来讲,生活区、生产区、动力和供水等辅助设施、仓库以及废水、废弃物处理设施要科学规划,合理布局,充分考虑风向因素,坚决执行生活区与生产区分离的要求,避免生活区对生产区造成污染。除此之外,厂区道路设计也应符合生产和生活要求,主要采用坚硬路面设计,在道路范围外通过设置绿化带的方式保持厂区清洁。

第五节　加强水产品加工人员管理

一、水产品加工人员造成的危害

水产品加工人员造成的危害主要包括三大类:一是人体微生物造成的污染,二是病菌污染,三是工作服装不卫生造成水产加工品被污染。据有关资料显示,工作人员是食品生产微生物污染的主要污染源,包括加工人员的手、毛发、鼻子和嘴都携带着大量微生物,这些微生物可能通过呼吸、咳嗽以及喷嚏等方式传播到水产加工品上,从而造成微生物污染。病菌污染指的就是从事水产品加工行业的人员自身带有传播性疾病,在加工过程中病菌会传染到水产品上,从而使得水产加工品也成为细菌传播媒介。工作服装主要包括工作服、口罩、手套、工作帽等工作用衣着装备,这类衣着装备属于加工人员与水产加工品直接接触的重要污染源,如果卫生状况不合格,那么细菌、微生物、病菌等都会传播到加工水产品上。

二、加强水产品加工人员管理

第一,水产品加工人员必须保持良好的个人卫生状况,按时进行清洁与消毒。GB/T27304—2008《食品安全管理体系 水产品加工企业要求》标准条款5.5.2第一款的规定"从事水产品生产加工和管理的人员必须保持个人清洁,遵守工厂卫生规定"。水产品加工人员的个人卫生状况会直接对水产加工品产生影响,对加工人员的脸部、头发、口腔以及手部要进行定期清洁与消毒,尤其是手部,因为手要用来生产加工活动,包括握手、挠痒、拿工具、如厕等活动都离不开手的参与,尤其关键的一点就是,人的手部会经常出汗,所以必须经常清洁。当然,手部的威胁可以用手套来降低,头发的威胁可以用帽子来降低,口腔的威胁可以用口罩来降低,眼部的威胁可以用眼镜来降低,但是我们必须对食品安全抱着零容忍的态度,坚决抹杀掉一切可能会对水产品食品安全造成危害的因素。

第二,定期组织水产品加工人员进行健康检查,以防造成病菌交叉感染。根据我国《食品安全法》的相关规定,从事食品生产加工的人员必须经过体检合格获得健康证才能上岗,并且每年要组织进行一次体检。GB/T27304—2008《食品安全管理体系 水产品加工企业要求》标准条款5.5.1规定"从事水产品生产加工和管理的人员应经体检和卫生培训合格后方可上岗。应每年进行一次健康检查,必要时需要做临时健康检查。凡患有如活动性肺结核、传染性肝炎、伤寒病、肠道传染病及带菌者、化脓性或渗出性皮肤病、疥疮、手有外伤以及其他有碍食品卫生的疾病者,应调离食品生产岗位"。食品加工行业对于一线生产工人的身体健康状况要求非常高,有传染可能的疾病基本上都不适合从事食品加工行业,这要求水产品加工企业在招聘生产工人时要进行严格的体检,这并不是某种人格歧视,而是食品安全管理的客观需要,也是目前全世界公认的一条规则。对于企业内的工人也要定期组织进行体检筛查,防止患有传染性疾病的工人继续从事水产品加工生产。

第三,加强对水产品加工人员工作装具的清洗、消毒和管理。GB/T27304—2008《食品安全管理体系 水产品加工企业要求》标准条款 5.5.2 第二款的规定"工厂应设立专用洗衣房,工作服应集中管理、清洗、消毒和发放"。水产品加工人员的服装、帽子、手套、口罩、鞋子等工作用装具都要进行严格的管理、存放、清洗和消毒,洗衣房也要加强卫生清洁管理,避免因洗衣房导致的工作用装具污染。

第四,加强对水产品生产车间流动人员的管理。GB/T27304—2008《食品安全管理体系 水产品加工企业要求》标准条款 5.5.3 的规定"清洁区与非清洁区、生区与熟区等不同岗位的人员应穿戴不同颜色或标志的工作服或帽子,以便区分。不同加工区域的人员不应串岗"。标准条款 5.5.4 规定"进入车间的其他人员(包括参观人员)都必须遵守条款 5.5 所有关于人员健康和卫生的规定"。生产车间通常情况下是不允许随意进入的,但是不排除有些特殊情况,如媒体采访、客户参观等,这些人员进入生产车间也要严格按照上述三点要求进行卫生、清洁与消毒。总之,原则只有一个,那就是只要进入水产品加工车间,就必须遵守卫生清洁要求。

第五,建立严格的监督检查机制,对违反上述四项规定的人员进行教育、劝导和处罚。水产品加工企业应当建立专门的人员卫生监督检查部门,可以进行定期检查,也可以进行流动巡查,该部门专门负责人员卫生监督检查的相关工作,包括具体的检查、记录、教育、劝导与处罚。

第六节　加强食品添加剂使用管理

我国《食品安全法》第 99 条将食品添加剂定义为"为改善食品品质和色、香、味,以及为防腐、保鲜和加工工艺的需要而加入食品中的人工合成或者天然物质"。根据来源不同食品添加剂可以分为天然提取物、用发酵等方法提取的物质(如柠檬酸)和纯化学合成物(如苯甲酸钠),天然食品添加剂主要是以动植物或者微生物的代谢产物为原料提取所得的天然物质,化学合成添加剂主要是采用化学技术促使元素或者化合物通过氧化、还原和聚合等合成反应得到的物质。我国《食品添加剂使用卫生标准》将食品添加剂分为 22 个大类,包括防腐剂、抗氧化剂、发色剂、漂白剂、酸味剂、凝固剂、膨松剂、增稠剂、消泡剂、甜味剂、着色剂、乳化剂、品质改良剂、抗结剂、增味剂、酶制剂、被膜剂、发泡剂、保鲜剂、香料、营养强化剂和其他添加剂。

食品添加剂是伴随着现代食品加工工业一起发展起来的,通常被用来防腐防变质、改善食品的感官性状、促进食品的营养升级、增加食品的品种和方便性,有利于促进食品加工业向现代化、机械化和自动化发展。

一、食品添加剂使用不当造成的危害

目前,我国食品加工环节食品添加剂方面存在的问题主要有违法添加非食用物质、使用国家禁止添加剂、使用添加剂超量以及不规范标注添加剂等。因使用不当会导致加工水产品出现质量安全问题的食品添加剂主要包括亚硝酸盐、多聚磷酸盐和 N-亚硝基化合物。亚硝酸盐主要被用来防止水产加工品氧化、褐变以及延长保质期,包括常用的漂白剂、防腐剂和抗氧化剂,亚硝酸盐使用过量,不但会破坏食品的营养结构,还可能会导致头疼、恶心或者气喘等过敏反应。多聚磷酸盐通常以保水剂和品种改良剂的形式出现在水产加工行业中,残留过量会对人体的营养吸收产生消极影响,最终会导致骨质疏松症等疾病的产生。研究发现90％的N-亚硝基化合物都具有致癌性,而且具有较强的致畸性,主要会对胎儿神经系统产生影响。有些食品添加剂属于禁止在食品加工中使用的,具有较强的人体危害性,包括甲醛、硼酸、硼砂、β-萘酚、水杨酸、次硫酸氢钠甲醛以及硫酸铜。甲醛主要用来延长保质期,水产品中残留甲醛会影响人体细胞的正常新陈代谢,而且被国际癌症机构列为可疑致癌物质。硼砂有利于增加水产品的柔韧度和弹性,防止虾头变黑,延长水产品的保鲜期,硼砂进入人体后便会转化为硼酸,硼酸属于国际禁用的有毒食品添加剂,具有非常高的毒性。β-萘酚、硫酸铜和水杨酸都属于毒性很强的禁用食品添加剂,严禁在食品加工中使用。次硫酸氢钠甲醛也称吊白块或吊白粉,添加之后的虾仁、海参外观比较丰满鲜亮,但因其具有毒性而被排除在法定食品添加剂之外。

二、加强食品添加剂使用管理

第一,加大天然食品添加剂的研发和普及力度。通常情况下天然食品添加剂相比化学合成食品添加剂安全性会更高,但是目前在食品加工行业,包括水产品加工业,化学合成食品添加剂占据大部分的比例,天然食品添加剂使用范围限制较多、成本较高、研发种类少等是主要限制原因,下一步应当加大天然食品添加剂的研发和普及力度,扩大天然食品添加剂的使用范围,降低使用成本。

第二,政府相关部门要加大食品添加剂的监督检查力度。禁止在食品加工中使用的食品添加剂以及允许使用但是对使用量有严格要求的食品添加剂是政府相关部门进行监督检查的监控重点,上述两类食品添加剂使用不当会对消费者身体健康造成严重威胁。主管部门可以采取不定期巡查、派驻厂区联络员等方式对违规违法使用食品添加剂的行为进行监督和检查,一经发现违法违规行为决不姑息,加大行政处罚力度。

第三,加大食品添加剂不当使用的危害宣传。一些小规模水产品加工企业,特别是一些小型加工作坊对于食品添加剂的使用和了解可能存在盲区,因此政府和媒体有义务加大对食品添加剂的宣传力度,一方面积极普及食品添加剂的一些基础知识,另一方面也使广大水产品加工业人员了解食品添加剂使用不当可能造成的严重后果,防止加工业者因知识盲区而误加、乱加了食品添加剂。

第四,充分发挥媒体的监督作用,建立悬赏机制。媒体对于食品加工企业的监督主要是以暗访等形式来进行的,而且能够起到非常重要的监督作用。政府也应当建立悬赏机制,对提供违规违法使用食品添加剂信息进行披露或举报的媒体、消费者给予一定的物质奖励,并且要严格保护披露或举报者的身份信息。

第七节　小结

综上所述,加工阶段海水养殖产品食品安全保障体系主要是在水产品加工四个主要影响因素的基础上建立起来的,这四个主要影响因素就是水产品加工原料状况、加工环境状况、加工人员状况以及食品添加剂使用状况,然后辅以两项制度设计,即食品质量安全市场准入制度以及 GMP 和 SSOP,于是包含六项基本制度的加工阶段海水养殖产品食品安全保障体系便完整呈现在大家面前了。

第八章 市场阶段海水养殖产品食品安全保障体系

第一节 建立水产品可追溯体系

食品可追溯体系的概念最早是部分欧盟国家在食品法典委员会(CAC)生物技术食品政府间特别工作组会议上提出的,核心内容是构建食品安全溯源信息的完整链条。根据国际标准化组织(ISO)的定义,可追溯指的是"通过登记的识别码,能够追溯产品在生产、加工和流通过程中任何指定阶段的能力",可追溯体系通常指的是以风险管理为基础的安全保障体系。海产品可追溯体系包括海产品质量追溯系统、追溯信息平台和终端监管查询三部分,海产品质量可追溯体系建设既包括对现代渔业信息技术可追溯信息系统及其相关软硬件设备的设置,也包括支撑追溯系统有效运行的追溯机制、技术标准和运行程序规范等制度层次的建设,同时还包括对先进技术和管理方法不断创新和实践的产学研体系的构建。建立水产品可追溯体系,有利于保障水产品质量安全、促进海水养殖业可持续发展,是加强海水养殖产品质量安全监管的客观需要,同时有鉴于海水养殖行业特点,需要在农产品质量安全追溯体系框架下结合海水养殖产品特点建立专门的水产品可追溯体系。

一、食品安全追溯技术

利用信息化手段对食品安全信息进行管理是目前进行食品安

全追溯的主要途径,具体来说主要有以下几项内容。一是编码技术。编码就是将具备某些规律性的且易于被识别并处理的符号、图形和文字等信息形式赋予特定事物,这个过程应当遵循唯一性、可扩性、简短性、适应性、含义性、稳定性、识别性、可操作性和格式一致原则。二是条码技术。条码技术最主要的一个特点是运用"电子身份证"将食品供应链的全部环节进行记录,包括种植、加工、运输、储藏和销售等环节的食品信息都是"电子身份证"的记载内容。三是射频识别技术。射频识别,也称 RFID(Radio Frequency Identification),主要由信息载体和信息获取装置组成。四是电子数据交换技术。电子数据交换,也称 EDI(Electronic Data Interchange),主要针对的是计算机之间的信息交流问题,计算机应用、通信、网络和数据标准化构成其运作的基础框架。五是稳定性同位素技术。稳定同位素是一种无辐射示踪物,通常被用来研究植物现在和过去如何与生物和非生物环境的相互作用。六是 DNA 分析技术。DNA 分析技术随着现代生物技术的发展已经广泛应用于食品质量控制领域,代表着食品生物技术的发展潮流。七是蛋白质分析技术、脂质体技术、免疫学技术和高压液相色谱等其他技术。另外,物联网技术的发展也为食品安全追溯提供了新的选择,核心是通过与互联网的紧密连接来保证食品可追溯技术的有效实现。

国外食品可追溯技术系统主要有 One-Up One-Down 可追溯和全程可追溯两种。One-Up One-Down 可追溯指的是食品供应链中每一个参与主体都要将输入信息和输出信息连接起来,使信息在供应链内保持完整,因此重复传递的信息可以不再保存。全程可追溯下供应链所有环节参与主体的信息都将进行完整的保存,只不过可以对参与者的访问权限进行控制。

二、建立水产品可追溯体系

目前,国际上水产品可追溯体系大概有三种层次:一是以欧盟为代表的强制水产品可追溯层次;二是以美国为代表的中间层次,支持但并不强制要求实施水产品可追溯；三是发展中国家普遍反对强制实施水产品可追溯体系，否则会对发展中国家水产品出口设置新的技术贸易壁垒。

鉴于社会经济发展水平，我国建立水产品可追溯体系存在诸多困难。一是水产行业供应链环节众多，主体复杂。不同主体形式对于产品可追溯的技术要求不同，不同水产品对于可追溯的要求也不尽相同。二是水产品个体小，批量大，多没有独立包装，实施可追溯技术难度较大，成本较高。三是我国农村发展较为落后，信息化水平低，新技术接受能力差，管理理念落后。四是海水养殖户规模普遍较小，产业化和组织化水平较低，不利于可追溯技术的普及。五是消费者对于价格波动较为敏感，实施水产品可追溯必然造成成本和价格的上涨，对消费者的市场接受能力是考验。六是我国水产品可追溯体系建设尚处于起步阶段，没有统一的信息记录、传递和交流平台，短期实现水产品全面可追溯难度较大。七是水产品可追溯体系相关法律法规和标准还不够健全，无法给水产品可追溯体系提供良好的外部环境。八是水产品物流效率和技术装备水平无法满足可追溯的要求，批发市场等主要流通渠道管理水平有待提高，信息的储存、记录与查询很难进行。

2006年中国水产科学研究院提出"水产品质量安全可追溯体系构建"项目，研究提出通过编码技术、水产品主体标识和标签标识技术建立水产品供应链数据传输与交换技术体系，通过整合相关信息建立水产品质量安全追溯与监管平台，研发出水产养殖和加工产品质量安全管理软件系统、水产品市场交易质量安全管理软件系统和水产品执法监管追溯软件系统，与之相配套的是三项追溯体系技术规范，包括水产品质量安全追溯信息采集规范、水产品质量安全追溯编码规范和水产品质量安全追溯标签标识规范，为水产品可追溯体系的建立作出了重要贡献。

海水养殖产品可追溯体系应当包含三个主要内容，即养殖过程、流通过程和信息中心。其中养殖过程信息内容包括养殖户信息、养殖全程记录、养殖环境监测、药物和饲料等投入品情况以及水产品加工信息,流通过程信息内容包括流通企业信息、水产品上市日期、运输和储藏信息以及水产品质量检验和检测信息,信息中心主要负责数据信息的采集、存储和交流,包括存储系统、追溯工具选择、信息采集、系统成本、机密性和公开性以及检查与警告,信息中心的重要性决定了其必须具备权威性和客观性,应当由食品监管部门或者政府相关部门授权的专业机构来负责。建立水产品可追溯体系是一个复杂的过程,下面进行具体讨论。

第一,完善生产档案记录制度,规范追溯标识制度。通常来讲,水产品可追溯体系的核心要素是生产档案记录和包装标识。生产档案记录着水产品养殖、加工和流通阶段的相关信息,可追溯的基本要求就是对生产档案的记录和管理,纸质记录也好,电子数据记录也好,都只是生产档案的载体。产品标识和包装标识是实现水产品可追溯的重要形式,建立完整的标识制度是必要手段,可以将水产品可追溯标识与市场准入制度和产品认证制度相结合,促进水产品市场准入制度和产品认证制度更加完善。

第二,可有选择性地实施强制水产品可追溯机制。基于我国目前国民经济发展水平和百姓收入水平,笔者认为强制实施水产品可追溯机制基本不太现实,一是因为在技术方面还有许多困难需要解决,短期内无法实现;二是强制实施水产品可追溯机制,势必造成生产和销售成本的上涨,而我国百姓对于基本生活食品的价格波动比较敏感,强制实施水产品可追溯机制会引起部分消费者的不满。就目前我国海水养殖业发展状况,笔者认为可以选择单位价值较高的水产品强制实施可追溯机制,如刺参,一方面是因为此类高价值海水养殖产品本身价格就比较高,实施可追溯机制造成的成本上涨占水产品自身价值的比例要远远小于普通水产品;另一方面高价值水产品的消费群体对于价格波动的敏感程度较低,此类消费家庭的恩格尔系数是比较低的,也就是说对于高价值水产品实施可追溯体系造成的价格上涨并不会动摇大部分消费者的购买信心,相反,实施可追溯体系带来的食品安全保障却更加容易引起消费者的共鸣。

第三,完善水产品可追溯体系的配套技术体系。我国已初步建立了可追溯技术体系,但是存在成本较高、普及性不强等问题,建立适用于水产品可追溯体系的完整配套技术体系是当务之急。对于信息获取、信息传递和信息管理技术要作为研究重点,水产品可追溯体系主要依靠编码技术、条码技术、射频识别技术以及数据库技术来实现,应当开发具备自主知识产权的上述技术成果,为水产品可追溯体系提供足够的技术支撑。

第四,加大水产品可追溯体系的宣传力度。一方面要对企业加大宣传力度,提高企业意识水平,尤其是规模较大的企业更应当让其认识到建立可追溯体系可以有效提升产品形象、提高产品市场竞争力,大企业也有责任引领行业质量安全监管潮流,营造良好的社会认知环境。另一方面要对消费者加大宣传,提高消费者选择安全水产品的意识,培养可追溯水产品的消费环境。

第五,建立统一的水产品溯源信息采集和查询平台。政府在这方面应当负有主要责任,赋予该平台权威性,以中央数据库和监管追溯平台为支撑,对追溯信息进行集中管理,同时完善追溯信息查询系统,方便公众通过手机、网络等方式进行水产品追溯信息查询。

第六,建立激励机制,促进水产品可追溯体系的推广。政府可以通过税收、补贴等财政方式对自愿推进水产品可追溯体系的企业进行奖励,也可以通过认证制度、国家级和省级名牌评价以及媒体宣传等手段鼓励企业建立水产品可追溯体系,提高企业的积极性有利于推广可追溯体系。

第七,加强流通环节水产品可追溯体系建设。2010年商务部办公厅和财政部办公厅联合发布的《关于肉类蔬菜流通追溯体系建设试点指导意见的通知》,对肉类和蔬菜流通可追溯体系的建设提出了要求,但可惜并不包括水产品。国务院办公厅于2013年印发的《深化流通体制改革加快流通产业发展重点工作部门分工方案》要求逐步建立水产品等商品流通追溯体系。水产品流通环节可追溯体系是水产品可追溯体系的重要组成部分,对于保障水产品食品安全具有重要作用。我国海水养殖产品流通形式主要是养殖户—收购商—批发商—零售商—消费者,因此我们应当针对流通各个环节的主要参与主体量身定做可追溯系统,使水产品可追溯体系更加完善,可操作性更强。

第八,坚持循序渐进原则,设立试点地区和试点产品可追溯机制。在强制推行水产品可追溯体系短期内无法实现的情况下,政府可以针对部分海水养殖业发达的地区开展可追溯试点建设,在试点区域内推行水产品可追溯体系,也可以针对个别海水养殖产品种类开展可追溯试点建设,不要操之过急,始终坚持循序渐进的原则,注意总结试点建设的经验和教训,逐步推广水产品可追溯体系建设。

第二节　建立水产品流通安全管理体系

流通环节是食品与消费者连接的最后一个阶段,重要性不言而喻,政府对于流通环节的食品安全监管力度也在逐年加大,2012年全国工商系统共出动执法人员 1 177.3 万人次,检查食品经营户2 370.4 万户次,检查批发市场和集贸市场共计 96.5 万个次,取缔无照经营 4.1 万户,吊销营业执照 825 户。

海水养殖产品,尤其是生鲜、冷冻水产品,对于流通环节的依赖程度是非常高的,因为其具有含水量大、不易保存、地域特征明显、运输成本和技术装备要求较高等特点。因此,我国水产品流通行业健康发展势在必行,根据《中国渔业年鉴(2013)》的统计数据,2012 年我国水产流通总产值为 34 531 615.5 万元,同比 2011 年增加了 5 026 752.86 万元,2012 年我国水产仓储运输总产值为2 202 544.16 万元,同比 2011 年增加了 382 742.46 万元。完整意义上的海水养殖产品流通环节参与主体应当是由养殖环节、加工环节、批发环节、物流仓储环节和零售环节参与主体共同组成,主要包括养殖户、养殖企业、水产加工企业、渔业合作组织、专业物流公司、批发商和零售商。"小规模、大群体、监管难度大"是对我国目前海水养殖产品流通模式比较恰当的描述。建立完善的水产品流通安全管理体系既是海水养殖产品食品安全保障工作的重点，也是难点。彭伟志认为我国养殖水产品流通渠道可以分为产地出货阶段、消费地批发市场阶段和零售阶段，其中出货阶段又包括生产者直接出货和生产者＋经纪人＋贩运商两种模式。

一、流通环节水产品安全监管的基本制度

2009 年 8 月 28 日，国家工商行政管理总局发布了"食品市场主体准入登记管理制度"等流通环节食品安全监管八项制度，下面我们以此为结构框架，具体分析适用于海水养殖产品的流通环节食品安全监管制度。

第一，建立水产品市场主体准入登记管理制度。一要严格执行水产品流通许可制度，加强对水产品经营者经营资格的管理；二要严格规范水产品生产经营者登记注册行为，切实提高市场准入门槛；三要针对水产品流通许可和登记注册等事项建立严格的监督检查机制；四要加强许可和登记注册机构之间的分工协作配合，提高行政效率，节约行政资源。

第二，建立水产品市场质量监管制度。一要严格规范水产品市场质量准入事宜，加强对水产品流通环节的监督；二要加大水产品质量监督检查力度，为水产品市场营造良好的市场秩序；三要严格实施水产品质量分类监管，提高水产品安全监管效能；四是加强对不符合食品安全标准水产品的退市监督，切实保障水产品消费安全。

第三，建立水产品市场巡查监管制度。一要完善水产品市场巡查工作，推进水产品监管常态化；二要把握水产品市场巡查重点，促进日常监管规范化；三要加强理论和实践创新，改善巡查监管方式，提高水产品市场监管水平；四要加大科技成果转化力度，充分引进先进的科学技术，提升水产品市场监管层次和效率；五要强化食品安全信用监管，坚决打击危害水产品食品安全的违法行

为。

第四,建立水产品抽样检验工作制度。流通环节水产品抽样检验是保障海水养殖产品食品安全的重要手段,是提升流通环节海水养殖产品质量监管能力的关键措施。一要落实水产品抽样检验工作,严格按照工作程序进行水产品抽样检验;二要鼓励和引导水产品经营者建立水产品自检体系,从源头上消除水产品质量安全风险;三要加强对抽样检验结果的综合分析和运用,对抽样检验的结果要通过合适的平台进行公示与发布;四要合理采用水产品快速检测方式,对有食品安全风险的水产品及时做出应对措施,如进行初步筛查;五要加强专业人员培训,提高检验人员的工作能力、工作水平和服务意识;六要保证水产品抽样检验经费使用情况公开透明,保障专款专用。

第五,建立水产品市场分类监管制度。根据水产品流通主体的不同特点和水产品流通运作模式制定相应的市场监督管理制度。一要督促水产品超市加强进货质量管理,保障进入超市的水产品质量安全;二要加强对水产品批发市场的监督管理,最大程度降低流通环节食品安全风险;三要加强对水产品批发商的监督和管理,加强水产品运输和储藏领域食品安全管理。

第六,建立水产品安全预警和应急处置制度。该制度的功能主要是预防水产品食品安全风险和有效、及时处理水产品食品安全事故。具体来讲,一要坚持预防为主,最大程度降低水产品食品安全风险,尽最大努力做到及时预警;二要制订完善的水产品安全预警和应急方案,解决食品安全风险后顾之忧;三要建立水产品食品安全隐患发现机制,设置水产品食品安全投诉电话,保障信息传递渠道的通畅;四要做好水产品安全预警和应急处置制度相关人员的培训工作,提高预警和应急处置能力,健全水产品食品安全事故报告制度。

第七,建立水产品广告监管制度。一要对水产品广告加大监管力度,坚决打击虚假宣传等违法广告行为;二要坚持完善水产品广告监管制度和措施,建立水产品广告监管的长效机制;三要依法行政,切实履行监管职责;四要加强管理机构之间的协调沟通,对水产品广告审批、发布和违法处理等环节的监管要做到无缝连接。

第八,建立水产品安全监管执法协调协作制度。该制度是流通环节食品安全监管八项制度中唯一以监管机构为对象制定的。一要督促各监管机构严格履行法定责任,建立流通环节水产品食品安全监管执法协调协作体系;二要加强部门之间的协调和沟通能力,建立通畅的信息传递机制,既要保证流通环节水产品食品安全监管零死角,也要尽量避免重复管理的现象发生;三要充分利用媒体和消费者的力量加强社会监督,严格落实水产品食品安全监管责任制度。

二、建立水产品流通安全管理体系具体措施

第一,加大水产品流通技术的研究投入,提高水产品物流技术装备水平。以保鲜技术为例,目前水产品保鲜技术主要有气调保鲜、低温保鲜、化学保鲜、辐射保鲜、熏制保鲜、干制保鲜和盐藏保鲜等,其中气调保鲜主要有气调保鲜库保鲜、塑料薄膜袋气调保鲜和动态气调保鲜,低温保鲜主要有冷藏、冷海水保鲜、冷盐水保鲜、微冻保鲜和冻藏保鲜,化学保鲜主要以天然无毒的生物活性物质研究为主,包括防腐剂、杀菌剂、抗氧化剂、抗生素等,辐射保鲜具有投入产出比率高、安全防护性好、无残留、容易保持风味和品质等特点,盐藏保鲜主要有干腌法、湿腌法和混合腌法。加大水产品流通技术的研究投入,能够有效提升水产品流通技术装备水平,为水产品流通安全管理体系的建立提供积极的技术支撑,极大地拓展水产品物流的发展路径。

第二,建立市场准入制度,加强市场管理。2012年我国新审核食品流通许可证146.46万个,我国流通环节食品经营主体已经达到了617.53万家。水产品市场准入制度是政府规范水产品市场秩序、保障消费者消费安全的重要手段,流通环节市场准入制度规制的内容包括批发市场、商场和超市等交易平台的审批与管理,流通主体资格的审查与管理等。对于批发市场、商场和超市等要加

强检查,督促其认真管理摊贩与柜台,加强经营商家的食品安全意识,营造良好的水产品销售环境,对不符合要求的要通知定期整改,不定期整改的和整改后仍不符合要求的可以视情况取消其交易平台资格。对于流通主体也要加强资格审查,杜绝不合格者进入水产品流通环节进行经营,加大对违法违规经营行为的处罚力度。

第三,创新流通渠道。我国水产品流通渠道具有"宽又长"的特点,宽指的是流通主体数量多、网点多、整体规模大,长指的是流通环节多。通常情况下固定的行销距离和行销范围会降低流通成本,缩短流通时间,减少流通环节,因此对水产品流通渠道进行创新有利于保持生鲜水产品的产品质量,如"流通企业+养殖户(养殖企业)"、"渔业协会+养殖户(养殖企业)"和"市场+基地"等新型直接流通渠道。

第四,大力发展专业水产品物流公司,同时提升综合性物流公司水产品运输能力和技术装备水平。由于水产品,尤其是生鲜水产品对于物流的要求较高,有必要成立专业水产品物流公司来从事水产品的运输与仓储。这样做一方面有利于实现资源的优势整合,避免因水产品季节性特点造成的设备和人力资源浪费;另一方面也有利于保证水产品在运输和仓储阶段的质量安全。当然,目前我国专业水产品物流公司还处于起步阶段,规模小、辐射地域狭窄、装备水平落后等问题较为明显,在此情况下,有必要对现有综合性物流公司水产品运输能力和仓储能力进行合理的评估与改进,政府可以提供相关的技术培训与指导,也可以通过财政、税收等手段扶持水产品物流公司的成长,引导水产品物流公司的发展方向。

第五,构建水产品冷链物流系统。水产品容易腐败变质,新鲜程度直接影响着水产品质量水平,冷链物流发展水平便成为水产品流通阶段质量安全的重要影响因素。构建水产品冷链物流系统,要更新冷链物流设备,提高自动化水平,改造现有的冷藏库以适应现代冷链物流发展需要,开发相应的软件信息平台,同时要完善配套机制和配送布局,根据高速公路网的变化随时调整配送路线。

第六,重视水产品网络销售,加大网络监管力度。如今我国经济发展已经进入电子商务时代,淘宝和京东等一批电子商务巨头迅速发展壮大,网络平台交易额在特定时间甚至达到惊人的程度。通过网络销售水产品正越来越多地被消费者接受,尤其是许多消费者比较重视水产品的新鲜程度,但是在本地市场又无法购买到新鲜水产品的时候,网络销售新鲜水产品便成为许多消费者的选择。

对于水产品网络销售渠道来说,如何保证水产品质量安全是一个难题,一方面消费者在到货之前无法对水产品有一个直观的感官检验,风险较大;另一方面电商平台上面的水产品卖家有没有销售许可,产品有没有经过检验检疫,这些都会影响消费者的选择。对于前一个问题,可以通过加大电商惩罚力度,提高消费者反馈评价的重要性来解决,如果出现食品质量问题,电商应当及时对商家进行处罚,严重的应当开除出电商平台,涉嫌违法的应当协助司法机关追究其法律责任;对于后一个问题,电商应当严格审查商家的销售许可资质,并对商家造成的损失承担连带责任,只有将电商跟具体商家捆绑在一起,电商平台才能从根本上加强对具体商家的管理,否则一旦出现食品安全问题,在无法追究到具体商家的时候,电商平台将会变成"甩手掌柜",消费者的利益保障也就无从谈起。

第七,提高渔业产业化水平,建立规模较大的"共同配送中心"。通过发展渔业中介组织和渔业合作社,将上游养殖产业跟下游批发和零售业紧密联系在一起,形成产供销一体化经营,有利于提高渔业产业化水平。山东荣成计划建立海产品网络物流城,包括海产品购物博览中心、网络购物中心、配货物流中心及休闲、娱乐、餐饮、住宿和观光等配套服务体系,对资源整合这个概念进行了很好的演绎。

第三节　建立严格的水产品质量
安全检验检测体系

当前严峻的食品安全形势对食品安全质量检测体系提出了非常高的要求,构建"整合归一、科学布局、突出重点、层次清晰、发展有序"的食品安全质量检测体系正成为食品安全管理的重要工作之一。

食品安全检测,顾名思义,就是指依据国家法律法规和相关技术标准,通过物理、化学和生物化学等理论和技术手段,以判断食品安全与质量合格与否为目的建立的一种食品安全保障机制。食品质量安全检测体系是市场阶段食品安全保障体系的重要内容,是食品安全的重要保障基础,也是政府进行食品安全监管的重要手段。

农业部《全国农产品质量安全检验检测体系建设规划(2011～2015)》的出台为我国农产品质量检测体系的完善起到了指导性的推动作用,该规划要求重点支持地级市和农业县全部建立农产品质检机构,乡镇质检机构的普及建设也要作为工作重点之一,截至2012年我国农业系统质检机构已经达到了2 235个,检测人员超过2.3万人。

水产品质量安全检测体系是食品安全检测体系的重要组成部分,也是水产品食品安全保障体系的重要组成部分,扮演着为水产品质量安全把关的关键角色。目前,我国部、省、市三级水产品质量安全检验检测体系已经初步形成,各级水产品质检机构承担着水产品质量安全检测的主要责任。根据农业部的统计发布数据,2012年农业部针对全国150个大中城市水产品中氯毒素、孔雀石绿和硝基呋喃物代谢等进行的检测结果显示,我国水产品合格率为96.9%,同比2011年上升了0.1个百分点,这表明近两年我国水产品检测对于提升水产品质量安全水平收到了比较好的效果,

2005～2012 年的水产品质量检测合格率详见图 8-1。

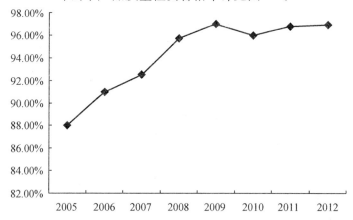

图 8-1 2005～2012 年我国水产品质量安全总体检测合格率

资料来源:农业部

一、水产品检验检测内容

第一,水产品常规检测方法。水产品质量安全检测方法主要有感官检验法、物理检验法、化学分析法、现代仪器分析方法和生物技术方法。感官检验法主要是通过人的感觉器官对水产品的色泽、气味、呈味物质和形态进行检验,以海参为例,质量好的海参普遍参体大、个头整齐、肉质肥厚、形体完整、肉刺齐全无损伤、膛内无余肠、新鲜光泽、干度足且水发量大,质量差的海参个头不整齐、肉质较瘦且有化皮现象。物理检验法包括规格检验、杂质检验、温度检验、重量检验、衡量检验和水产罐头容器检验等。化学分析法是目前食品卫生检验应用最广泛的方法,包括定性分析和定量分析,定性分析主要用于检查某种特定物质是否存在,定量分析主要用于检查某种特定物质的含量。现代仪器分析方法包括比色和分光光度法、原子吸收光谱法、荧光分析法、原子荧光光谱法、电位分析法、原子发射光谱法、气相色谱法及气质法、高效液相色谱法及液质法、薄层色谱法等。生物技术方法可以广泛用于食品品质评价、质量监督、生产过程的质量监控以及食品科学研究,也可以对过去难以测定的食品成分进行检测鉴定,具体来讲包括免疫分析方法、PCR技术(聚合酶链式反应检测技术,Polymerase Chain Reaction)和生物芯片技术。

第二,水产品添加剂检测。目前我国水产品添加剂检验检测的内容主要包括明矾的测定、山梨酸和苯甲酸的测定、亚硝酸盐和硝酸盐的测定、抗氧化剂的测定、着色剂的测定、酸味剂的测定和漂白剂的测定等。

第三,水产品化学元素的检测。水产品体内的矿物质元素包括必需元素、有益元素、沾染元素和污染元素,某些金属和非金属元素会对水产品及人体健康造成危害,这些有害元素主要来源于三个方面,一是自然环境导致的污染,二是水产品加工过程中因人为原因造成污染,三是工农业"三废"造成的环境污染。目前我国水产品化学元素检验检测的主要内容包括总汞的测定、甲基汞的测定、总砷的测定、铅的测定、镉的测定、铬的测定、铜的测定以及其他元素的测定。

第四,水产品残留物检测。水产品中对人体有害的残留物主要来源于渔药和各种消毒剂、杀虫剂,我国水产品残留物检验检测的内容包括六六六、滴滴涕残留量的测定,多种有机氯残留的测定,毒杀芬残留量的测定,吡咯嘧啶酸的测定,孔雀石绿的检测,氯霉素的测定,苏丹红的测定,土霉素、四环素、金霉素等抗生素的测定以及甲醛的测定。

第五,水产品寄生虫和天然毒素检测。寄生虫的危害主要包括分泌毒素、栓塞管脉、造成机械损伤和吸取养料,寄生虫检验检测是水产品检测的重要内容,包括对双槽蚴、微孢子虫、异尖线虫蚴和后尾蚴的检测。天然毒素检验检测内容包括腹泻性贝类毒素的检验、麻痹性贝类毒素的检验以及记忆丧失性贝类毒素的检验等。

第六,水产品微生物检测。微生物检测主要目的是检测水产品中被污染的细菌数量以及是否带有致病细菌,因为水产品腐败变质与体内含有的细菌有重大关系。我国目前水产品微生物检验检测的内容包括大肠菌群、粪大肠菌群和大肠杆菌的检验,沙门氏菌属的检验,金黄色葡萄球菌的检验,志贺氏菌的检测,致病性弧菌及检测,单核细胞增生李斯特氏菌及检验,空肠弯曲杆菌检测、厌氧硫酸盐还原菌及检测和水产品病毒检测。

二、推进水产品质量安全检验检测体系建设

第一,加强水产品检验检测基本知识培训。对于一般溶液的配制、标准溶液的配制、常规化学分析技术以及采样、样品制备和检验中的要求等基本知识要加强宣传和培训,提升水产品检验检测中心和检测人员的基本职业技能和素养,提高水产品检测结果的可信度和准确率。

第二,严格按照抽样和样品处理要求进行操作。以水产品检测样品的质量控制为例,检测样品的质量控制是水产品检验检测过程中重要的环节,很大程度上影响着检测结果的准确性,对抽样环节、样品接收环节、制定唯一性标识环节、样品流转环节以及检测完毕样品的处置环节要严格进行质量控制,保证检测结果的准确率。

第三,加大资金扶持力度,促进水产品检验检测中心的合理布局,扩大辐射范围。各级水产品质检中心在水产品质量安全检验检测体系中起着最重要的作用,但是目前我国各级水产品质检中心分布不均衡,尤其是基层质检中心的建设远远落后于经济发展需要,已建成的质检中心也大多分布在东部经济发达地区,即使是在东部沿海经济发达地区,水产品质检中心的数量和规模也与现实需要存在差距。政府应当通过财政扶持政策提供资金支持,大力建设各级水产品质检中心,平衡质检中心的布局分布,要重点照顾经济欠发达地区。

第四,切实提高检测能力和技术装备水平,加大技术研发力度。现有的各级水产品质检中心检测能力相比较发达国家还处在初级发展阶段,主动参与国际水平的实验室能力验证考核的更是

寥寥无几。另外,我国目前从事水产品质量检验检测技术研发的专业机构数量少,技术力量薄弱,资金较为短缺。因此,必须以水产品质检技术研究和装备研究为工作重点,充分调动高校等资源,将检测技术研究和装备研究与经济利益挂钩,利用市场机制调动研发者的积极性。

第五,加强国际交流,重视引进国外先进的检测技术和理念。我国水产品国际贸易发展迅速,因此我国水产品质量安全检验检测工作应当与国际接轨,对国外的检测技术、检测仪器和设备、检测种类以及检测指标要进行研究。加强国际交流,主要出于三个方面的考虑:一是提高我国水产品质检能力;二是为我国水产品出口提供指导,帮助水产品出口企业规避国外技术贸易壁垒;三是对进口水产品加强质量检验检测,引进出口国检测技术,对进口水产品进行严格的检验检测。

第六,建立水产品质量检验检测档案管理机制。水产品质量检验检测档案是加强水产品质量监管的重要依据和记录,因此建立合理的水产品质量检验检测档案管理机制势在必行。一方面要创新理念,科学推动水产品质检档案管理工作合理展开,另一方面要创新服务方式,发挥水产品质检档案资源优势,另外还要创新体制机制,为水产品质检档案管理提供良好的外部环境。

第七,合理进行水产品质检信息公开,为实施水产品市场准入机制提供技术参考。水产品质量检验检测结果是判定水产品是否安全的基本依据,因此建立水产品质检信息公开机制既是对消费者的健康负责,也是对水产品生产经营企业的一种鞭策,更是水产品市场准入机制运行的重要基础。另外,合理进行水产品质检信息公开有助于提升安全水产品的市场形象。众所周知,日本福岛核电站泄漏事件导致日本水产品的国际形象严重受创,消费者纷纷担心日本产的水产品会受核泄漏事件影响,2013年12月日本千叶县水产厅在御宿地区对媒体开放海产品检测过程,同时邀请各国记者和领事官员对整个过程进行监督,以此来重新树立千叶县水产品一流品质的国际形象,取得了不错的效果。

第八,建立政检分离的水产品检验机制。我国目前大部分水产品检验机构都是各级政府依法批准设立的附属机构,缺乏独立的运作能力和管理机制,检测能力和检测积极性无法满足市场发展的需要。合理的水产品检验机制应当是以政府批准为基础,以政检分离为原则,水产品检验机构自负盈亏且独立负责,充分将水产品检验机构推向市场,以技术能力和服务水平作为竞争力的核心要素。这一机制的基础必须是依法通过政府相关部门的审批,必须保证经营水产品检验业务的机构都具备合法的资质。

第四节　建立水产品召回制度

召回制度源于 20 世纪 60 年代,美国国会制定了《国家交通与机动车安全法》,召回制度正式成为一种保障消费者利益和市场秩序的重要手段,之后该制度逐渐扩散到包括食品行业在内的诸多行业。我国国家质量监督检验检疫总局 2007 年 8 月 27 日颁布实施了《食品召回管理规定》,要求对不安全食品进行召回,该规定对召回进行了定义:"指食品生产者按照规定程序,对由其生产原因造成的某一批次或类别的不安全食品,通过换货、退货、补充、或修正消费说明等方式,及时消除或减少食品安全危害的活动。"

水产品召回制度是水产品可追溯体系、水产品质量检验检测体系、水产品流通安全管理体系、水产品安全认证战略、水产品安全信息平台和水产品食品安全预警体系的配套措施,建立水产品可追溯体系的初衷就是在水产品发生质量问题时,能够确定是供应链哪个具体环节出现问题,在满足召回条件的情况下应当进行产品召回处理,包括主动召回和责令召回,无论是召回进行销毁,还是召回进行处理再加工,都应当对利益受损害方提供赔偿。通常来讲能够实施产品召回的只能是规模较大的企业,小企业负担能力较弱,无法负担水产品召回造成的损失,因为注销企业都可能比召回产品损失要小,因此建立水产品召回制度跟水产品品牌建设也是紧密联系的,只有将产品召回与企业品牌无形资产结合起来,形成一个整体效应,水产品食品安全才能得到切实的保障。下面我们分析实施水产品召回制度的具体措施。

第一,加大对水产品召回制度的宣传力度,鼓励企业实施自主召回。实施食品召回,对企业来讲是一项负担非常重的工作,直接考验着企业的责任感与承受力,而自主召回无疑是要优于责令召回的,因为自主召回比责令召回往往时间更早,因此造成的社会危害就会更小。问题随之出现了,如何让渔业企业在承担巨大责任的同时自愿、及时地进行自主召回?答案应当从两个方面来解释,一方面应当加强水产品召回制度的宣传,让消费者和渔业企业都充分了解食品召回制度的重要性;另一方面应当对进行自主召回的企业采取一定的扶持措施,如在召回完毕并且将不安全食品造成的社会危害完全解决的情况下,包括相应的赔偿责任已经履行完毕,可以酌情从轻、减轻或者免除行政处罚,鼓励企业自愿进行不安全食品的召回,当然,涉嫌违法犯罪的必须移交司法机关进行处理。

第二,充分发挥社会监督的作用,设立专项有偿举报电话。企业在发生食品安全质量问题时,不可避免会产生侥幸心理,认为可以通过遮掩和公关等手段悄无声息地渡过难关,即使是三鹿奶粉这种前车之鉴也无法完全消除某些问题企业存在的侥幸心理。在政府质检管理部门无法及时发现问题时,社会监督就应当起到积极的作用,不管是媒体还是消费者,都应当成为打击食品安全问题的一线力量,对于存在食品安全风险的水产品,媒体和消费者既有权利、也有义务及时向政府相关部门进行投诉。政府相关部门也应当设立专项举报电话,经调查属实的举报应当进行一定额度的奖励。

第三,加大对违反召回规定企业的惩罚力度。对于符合召回条件拒不召回、实施自主召回但是违反法律法规规定或者被责令召回但是没有按规定执行的,应当加大处罚力度,只有增加企业的违法成本,才能对违规违法企业形成强大的威慑力。同时应当引进惩罚性赔偿责任制度,作为召回制度的配套机制来发挥作用,行政处罚是比较常用的处罚手段,涉嫌违反法律的,应当追究法律责任,涉嫌犯罪的,坚决追究刑事责任。举一个简单的例子,有驾驶经验的驾驶员都知道,通常夜晚市区是禁止开启汽车远光灯的,因为远光灯容易造成对过驾驶员短期致盲,但还是有很多驾驶员随意开启远光灯,导致夜晚驾车危险概率倍增,原因何在? 不排除有一些驾驶员不懂该常识,但更多原因是开启远光灯的违法成本太低,基本不会因此受到处罚,所以许多驾驶员存在侥幸心理,这就会造成一个严重的后果:导致原本遵守交通法规不开启远光灯的部分驾驶员无奈地也打开远光灯,以免自己看不清路况,于是马路上便到处都是开着远光灯呼啸而过的机动车。就我个人而言,我夜晚轻易不会开启远光灯,但是当在一段路上对面许多车辆都开启远光灯的时候,我也会被迫开启远光灯,因为别人不会因不遵守交通法规受到处罚,我却因为遵守交通法规导致利益受到损失,为了看清路况,只能打开远光灯。总之,只有增加违法成本,加大惩罚打击力度,才能对违法违规行为产生震慑力,才能保障遵纪守法者的合法利益。

第四,实施水产品召回保险制度。实施召回是一项成本非常高的补偿行为,对实施召回行为的企业的承担能力是一个严峻的考验。如果发生严重的水产品食品安全事件,即使企业尽全力实施召回行为,哪怕付出破产倒闭的代价也很有可能无法完全赔偿给消费者带来的损失。以三鹿奶粉三聚氰胺事件为例,三鹿奶粉品牌价值曾经高达 149 亿元人民币,但三聚氰胺事件导致三鹿集团破产清算,资不抵债,按照破产程序三鹿集团的普通债权清偿能力为零,这意味着数十万受害婴幼儿的合法权益无法得到保障。召回保险制度可以很好地弥补这方面的缺陷,其最早也是源于汽车产业,通过转嫁召回成本,能够给渔业企业和消费者提供双重保障,当出现重大水产品召回事件时,渔业企业便可以通过召回保险分摊召回成本,在保护企业自身的同时,也给消费者提供了足够的赔偿资金,避免消费者利益受到损害。

第五节　小结

综上所述,市场阶段海水养殖产品食品安全保障体系包括水产品可追溯体系、水产品流通安全管理体系、水产品质量检验检测体系以及水产品召回制度四项。虽然数量相对其他三章内容来讲相对较少,但是却具有涵盖环节多、供应链长、主体结构复杂、技术难度大等特点,所以市场阶段海水养殖产品食品安全保障体系的重要性也是毋庸置疑的。

第九章 海水养殖产品食品安全综合保障体系

第一节 建立健全水产品质量安全认证体系

食品质量安全认证根据认证对象的不同可以分为产品认证、服务认证和管理体系认证，其中产品认证包括无公害食品认证、绿色食品认证和有机食品认证等，管理体系认证包括 HACCP 体系认证、GAP（良好农业规范）认证、GMP（良好操作规范）认证和 ISO9000:2000 质量管理体系认证等；根据实施主体的不同可以分为本国政府实施的认证、多国联合实施的认证和国际通用认证，代表认证种类分别为我国有机食品认证、IFS 国际食品标准认证和 ISO 标准化体系认证。

产品质量认证制度起源于英国，1903 年英国出现了世界上第一个认证标志："BS"标志，也称"风筝标志"，1922 年注册成为受法律保护的认证标志，如今产品质量认证制度已经发展成国际社会认可的食品质量安全保障机制。建立健全水产品质量安全认证体系是建立海水养殖产品食品安全保障体系的重要内容，是保障水产品食品质量安全的关键措施，也是海水养殖业可持续发展的客观要求。山东好当家海洋发展股份有限公司一直致力于提升产品质量，旗下冷冻调理、即食休闲、功能保健类食品已经通过了 ISO9000 国际质量管理体系认证、日本农林水产省注册和美国 FDA 认证，是积极实施水产品质量安全认证体系的代表企业之一。

一、GAP(良好农业规范)认证

联合国粮食与农业组织(FAO)农业委员会对良好农业规范的内容规定包括土壤、水、植物保护、畜牧养殖业、收获及农场加工与储存、能源和废物管理、人的福利、健康与安全以及野生生物和乡村景观。根据中国国家认证认可监督管理委员会官方网站的定义,良好农业规范是"一套主要针对初级农产品生产的操作规范,可以强化农业生产经营管理行为,实现对种植、养殖的全过程控制,从源头上控制农产品质量安全"。良好农业规范通过对养殖、收获、清洗、包装、贮藏和运输过程进行规范,以期减少化学品和药品的投入,进而保障初级农产品的质量安全。企业申请良好农业规范认证,一般需要经过申请、申请评审、签订合同、现场检查、认证评定、签发证书和获证后监督等过程。水产养殖类良好农业规范国家标准是 2008 年 4 月 1 日开始实施的,内容包括 12 个标准,详见表 9-1。

表 9-1　水产养殖良好农业规范国家标准

水产养殖基础控制点与符合性规范	水产池塘养殖基础控制点与符合性规范	水产工厂化养殖基础控制点与符合性规范	水产网箱养殖基础控制点与符合性规范	水产围栏养殖基础控制点与符合性规范	水产滩涂吊底播养殖基础控制点与符合性规范	罗非鱼池塘养殖基础控制点与符合性规范	鳗鲡池塘养殖基础控制点与符合性规范	对虾池塘养殖基础控制点与符合性规范	鲆鲽工厂化养殖控制点与符合性规范	大黄鱼网箱养殖控制点与符合性规范	中华绒螯蟹围栏养殖控制点与符合性规范

二、ISO9000 质量管理体系认证

ISO 全称为 International Organization For Standardization，即国际标准化组织，ISO9000 不是一个标准，而是一系列标准的统称，是国际标准化组织制定的质量管理和质量保证国际标准。实施 ISO9000 有利于提高产品质量、提升品牌公信力和市场份额、消除国际贸易壁垒以及节约社会资源。ISO9000 核心思想主要体现在以下 7 个方面：一是控制全部过程的质量，二是控制过程的出发点是预防不合格，三是质量管理中心任务是建立、实施文件化的质量管理体系，四是持续的质量改进，五是该体系必须兼顾顾客和组织内部双方的需要和利益，六是定期评价质量管理体系，七是质量管理的关键环节是管理者。ISO9000 认证适用于农业和渔业，因此水产品企业在实施质量管理体系之后，可以向认证机构申请质量管理体系认证，通常 ISO9000 认证需要 5 个条件，详见表 9 2。

表 9-2　ISO9000 认证的条件

1	建立了 ISO9001:2000 标准要求的文件化的质量管理体系
2	质量管理体系至少已经运行 3 个月以上并被审核判定为有效
3	外部审核前至少完成一次或一次以上全面有效的内部审核，存在有效证据
4	外部审核前至少完成一次或一次以上有效的管理评审，存在有效证据
5	体系保持持续有效并同意接受认证机构每年的年审核、每三年的复审，以此作为对体系是否有效保持的监督

三、无公害产品认证

根据农业部和国家质量监督检验检疫总局发布的《无公害农产品管理办法》，无公害农产品是指"产地环境、生产过程和产品质量符合国家有关标准和规范的要求，经认证合格获得认证证书并

允许使用无公害农产品标志的未经加工或者初加工的食用农产品"。无公害农产品是绿色食品和有机食品发展的基础,两者都是在无公害农产品的基础上发展而来的。根据农业部的发布数据,截至 2012 年 11 月底,我国共有认证无公害农产品 75 887 个,认定产地 76 686 个。适用于水产品的无公害产品质量标准主要有《农产品安全质量 无公害水产品产地环境要求》(GB/T18407.4—2001)、《无公害食品 海水养殖产地环境条件》(NY5362—2010)和《农产品安全质量 无公害水产品安全要求》(GB 18406.4—2001),第一个标准规范对水产养殖场和养殖水质等指标进行了要求,有利于规范无公害水产品生长环境,保证水产品正常生长;第二个标准规范主要对无公害海水养殖产品的养殖环境提出了标准化要求,有利于无公害海水养殖产品的质量保障;第三个标准规范对无公害水产品的感官、鲜度和微生物指标提出了要求,有利于保证水产品质量安全。

无公害农产品的管理和监督工作主要由农业部门、国家质检部门和国家认监委负责,无公害农产品的认证机构应当由国家认监委审批和授权,主要负责无公害农产品的认证工作,以及对获得认证的产品进行跟踪检查、受理相关的投诉和申诉工作。渔业企业申请渔业产品类无公害农产品认证应当提供以下材料,详见表9-3。

表9-3　无公害农产品认证需提供的材料

1	"无公害农产品产地认定与产品认证申请书"
2	申报材料目录,注明名称、页数和份数
3	"无公害农产品产地认定证书"复印件
4	产地《环境检验报告》和《环境现状评价报告》(2 年内的)
5	产地区域范围和生产规模
6	无公害农产品生产计划(三年内的生产计划、面积、养殖开始日期、生长期、产品产出日期和产品数量)

（续表）

7	无公害农产品质量控制措施
8	无公害农产品生产操作规程
9	专业技术人员的资质证明
10	无公害农产品的有关培训情况和计划
11	申请认证产品上个生产周期的生产过程记录档案样本（养殖记录和污染防治记录及防疫记录）
12	"公司＋农户"形式的申请人应当提供公司和农户签订的购销合同范本、农户名单以及管理措施
13	营业执照和注册商标复印件
14	外购原料需附购销合同复印件
15	产地区域及周围环境示意图和说明
16	渔用配合饲料检验报告
17	初级产品加工厂卫生许可证复印件

四、绿色食品认证

根据国家认证认可监督管理委员会官方网站的定义，绿色食品是"指遵循可持续发展原则，按照特定生产方式生产，经专门机构认定，许可使用绿色食品标志，无污染的安全、优质、营养类食品，无污染、安全、优质、营养是绿色食品的主要特征"。我国绿色食品又可以分为 AA 级和 A 级两种，具体区别详见表 9-4。绿色食品标准体系包括绿色食品产地环境质量标准、绿色食品生产技术标准、绿色食品产品标准、绿色食品包装标签标准、绿色食品贮藏、运输标准和绿色食品其他相关标准。根据农业部发布的数据，截至 2012 年 11 月底我国有效使用绿色食品标志的企业数量为 6801 家，产品 16 929 个。水产品属于国家商标类别第 29 类，具体到海水养殖业，海水养殖动、植物苗种和海水养殖动、植物产品以及水产加工品,按照规定都可以申请绿色食品标志。绿色食品的认证目前已经得到了市场与消费者的认可。

表 9-4 绿色食品分级标准的区别

评价体系	AA 级绿色食品	A 级绿色食品
环境评价	采用单项指数法,各项数据均不得超过有关标准	采用综合指数法,各项环境监测的综合污染指数不得超过 1
生产过程	生产过程中禁止使用任何化学合成肥料、化学农药及化学合成食品添加剂	生产过程中允许限量、限时间、限定方法使用限定品种的化学合成物质
产　品	各种化学合成农药及合成食品添加剂均不得检出	允许限定使用的化学合成物质的残留量仅为国家或国际标准的一半,其他禁止使用的化学物质不得检出
包装标识与编制编号	标志和标准字体为绿色,底色为白色,防伪标签的底色为蓝色,标志编号以双数结尾	标志和标准字体为白色,底色为绿色,防伪标签的底色为绿色,标志编号以单数结尾

资料来源:张妍主编. 食品安全认证. 北京:化学工业出版社,2008:181

五、有机食品认证

根据我国《有机产品》国家标准 GB/T19630—2011 的定义,有机产品是指"生产、加工、销售过程符合该标准的供人类消费、动物食用的产品,在生产过程中不得使用化学合成的农药、化肥、生长调节剂和饲料添加剂,以及基因工程生物及其产物"。有机食品便是来自于有机生产体系,根据有机产品标准生产、加工并经过认证机构认证的一切农副产品。根据农业部发布的数据,截至 2012 年 11 月底我国农业系统有效使用有机食品标志的企业为 1336 家,有机产品认证证书 1916 张。水产养殖及其产品也属于有机认证的范围，当然，跟其他种类有机食品一样，水产养殖及其产品有机认证目前也处于初级阶段，现有的认证食品主要针对国际市场。实施有机食品认证，有利于保障食品安全、促进食品产业良性发展以及增强国际竞争力。

六、建立健全水产品质量安全认证体系具体措施

一要加大宣传力度，鼓励渔业企业实施水产品质量安全认证。一方面要让更多的消费者认识和了解质量安全认证的相关知识，让消费者意识到获得质量认证的水产品在质量安全方面会比没有获得质量认证的水产品更有保障，所以营造良好的市场需求氛围是鼓励渔业企业进行水产品质量安全认证的原动力；另一方面要鼓励渔业企业自觉实施水产品质量安全认证，加大相关宣传力度，督促企业自愿接受认证机构的质量检查与检测，并将获得质量认证当作一种企业荣耀来看待。

二要简化认证审核和审批程序，提高工作效率。水产品质量认证审核与审批是一种带有公权力性质的类行政审批，合理地简化程序有利于提高办事效率，降低企业的认证成本，增加企业进行质量认证的意愿。

三要逐步建立强制性水产品质量认证制度。实施质量认证有利于从根本上提高水产品质量水平，所以必须在客观条件允许的情况下逐步建立强制性水产品质量认证制度，将所有水产品纳入到强制性质量安全认证体系中。当然，这在短期内还是不现实的，我们必须遵循以事实为基础、以客观规律为准绳、坚持循序渐进的原则。

四要加强水产品质量认证机构的管理和培训。质量认证机构是进行食品质量认证的管理机构，也是负责具体业务操作的认证机构，因此必须提高质量认证机构的管理水平和业务水平，主管部门要加大对质量认证机构的领导与监督力度，督促其更好地履行质量认证职责。

第二节　建立健全海水养殖产品
食品安全法律法规体系

　　建立健全海水养殖产品食品安全法律法规体系,主要目的就是为本研究涉及的食品安全保障体系提供法律和制度方面的支持,也就是将各食品安全保障机制以法律法规文件的形式呈现出来。将食品安全保障机制纳入法律的规制范围有利于从根本上确立制度的权威性和可执行性,法律法规存在的意义也正在于此。我国目前涉及海水养殖产品的法律法规文件在本书第四章已经进行了罗列,在此就不再赘述,本节主要探讨建立我国海水养殖产品食品安全法律法规体系的几个重点环节。

　　第一,坚决维护法律的权威。所谓法律的权威性,指的就是凡法律法规有规定的,一定要按照法律法规的规定执行,法律法规没有针对性规定的,也要按照法律法规的相关精神进行处理。总之一句话,一切按照法律法规的要求办事。

　　第二,细化法律法规规定,将具体执行方面的条文进行重点解释与展开。以养殖证制度为例,《渔业法》和《物权法》要求进一步完善和细化养殖证发放优先顺序及程序,养殖生产者的权利与义务,养殖权利受到侵害的补偿办法及标准。养殖证制度是保证养殖水产品质量安全的基础性制度之一,所谓养殖证,指的是由单位或者个人依法向县级以上地方人民政府渔业行政主管部门提出申请,经过审核批准,由同级人民政府发放的、允许其占有使用国有水域、滩涂等自然资源从事水产养殖生产活动,进而获得经济利益的法律证明文件。法律法规必须将制度内容进行细化解释,并且对于制度执行方面的规定也是越详细越好。

　　第三,完善现有法律法规体系,实现"无缝隙监管"。"无缝隙监管"起源于美国学者拉塞尔·Ｍ·林登 20 世纪 90 年代提出的"无缝隙政府",本意是追求监管的全面性、全程性和动态性效果,避免出现监管真空。在法律法规体系建设方面，也应当建立"无缝隙法律法规体系"，扩大法律法规体系的辐射范围。本书海水养殖产品食品安全保障体系共涉及 31 个具体制度，我们应当将这 31 个制度以法律法规的形式固定下来，并且对于每个制度的内容、适用范围、适用对象以及执行规定都要进行逐条解析。

第四，加强对进出口水产品的监督与管理。在这一点上应当向美国学习，对于进口到国内的水产品要强制实施质量控制，并且通过法律法规条文的形式来保障该机制的有效运行。根据国家质检总局标法中心发布的《国外扣留（召回）我国出口产品情况分析报告（2012 年度）》，2012 年我国出口水产品及其制品类被扣留或召回的数量达到 347 批次，其中鱼产品 145 批次，其他水产品 101 批次，虾产品 25 批次，水产制品 40 批次，蟹产品 18 批次，贝产品 6 批次，海草及藻类 21 批次，出口水产品及其制品频繁被扣留或者召回对我国水产品整体形象是一种削弱。所以，通过法律法规的形式加强进出口水产品的监督与管理既是加强水产品食品安全监管的需要，也是促进水产品国际贸易顺畅发展的需要。

第五，坚持食品安全保障以预防为主，以处罚为辅的立法原则。食品安全的重要性决定了健全海水养殖产品食品安全保障体系必须坚持以预防为主，以处罚为辅的原则，能够在预警阶段将食品安全的风险苗头掐死是食品安全管理工作的追求目标，一旦发生食品安全事件，善后处理工作做得再好，也只能是发挥事倍功半的效果，所以在法律法规体系方面一定要特别突出食品安全预防机制的重要性。

第六，根据社会经济发展需要及时进行法律法规条文的修改。滞后性是所有法律法规都无法规避的特性之一，所以必须针对海水养殖产品食品安全管理现状提出法律法规修改的阶段性方案，对新出现的情况要增加条文规定，对情况发生变化的要修改条文规定，对已经不符合海水养殖产品食品安全管理需要的条文要及时删除，只有这样才能在一定程度上缓解法律法规滞后性带来的弊端。

第七,完善处罚机制。对于政府监管责任、企业责任和行业协会责任的规定要做到详细具体,只有完善处罚机制才能更好地树立法律法规的权威性,提高其对水产品食品安全危害行为的震慑作用。

第八,坚持以经济发展水平为基础,以基本国情为立足点。我国海水养殖产品面临的现状可以用 12 个字来形容,即"组织化程度低,分散经营为主",这种大群体、小规模、分散化的经营模式给法律法规的监管带来了很大的难度,所以我们应当从两个方面入手:一是在制定和修改法律法规时要对这种经营现状有充分的考虑,制定有针对性的法律法规条文;二是通过法律法规对渔业行业协会规划合理的发展路径,通过渔业行业协会加强行业自律,建立有效的水产品质量安全自律管理机制。

第三节　推进社会主义道德体系建设

海水养殖产品无论是养殖、加工,还是运输、仓储和销售,都是由人来完成的,因此 Human Behavior(人类行为)就成为影响水产品质量安全的重要因素,如何将 Human Behavior 中良性、积极的一面更好的激发出来是一个难题,于是推进社会主义道德体系建设,加强职业道德宣传便成为必然选择。

根据百度百科的定义,社会主义道德是在无产阶级自发形成的朴素的道德基础上,以马克思主义世界观为指导,由无产阶级自觉培养起来的道德,以为人民服务为核心,以集体主义为原则,以诚实守信为重点,以社会主义公民基本道德规范和社会主义荣辱观为主要内容,是代表无产阶级和广大劳动人民根本利益和长远利益的先进道德体系。社会主义道德体系包含两个方面的内容,一是社会主义道德的内容体系,包括政治道德、商业道德和家庭道德等;二是社会主义道德的层次体系,包括社会公德和家庭道德、五爱(爱祖国、爱人民、爱劳动、爱科学、爱社会主义)、社会主义职业道德和共产主义道德四个层面。社会主义道德体系的外延则包含三个方面的内容,一是要与社会主义的基本内涵和本质要求相适应,二是要与我国社会主义初级阶段的基本国情相适应,三是要以海纳百川、兼容并蓄的心态吸收国外优秀的道德成果。

《公民道德实施纲要》将职业道德定义为爱岗敬业、诚实守信、办事公道、服务群众和奉献社会。职业道德就是所有从业人员在职业活动中应当遵循的行为准则,渔业从业人员应当在工作过程中恪尽职守,遵守职业道德,不偷工减料,严格按照操作规程,严格遵循工作要求,从源头上保证水产品质量安全,同时这也是敬业精神的客观要求,从业人员应当尊重职业,尊重消费者,具备良好的职业责任心和社会责任心。市场经济下尤其需要加强职业道德建设,对于从业人员的职业观念、职业态度、职业技能、职业纪律和职业作风建设要进行大力宣传,尤其是对于食品企业,安全意识更加不容忽视。培养诚信的品质是职业道德不可或缺的重要内容,是所有渔业企业和渔业从业人员社会责任心的具体体现,也是推进中国特色社会主义道德体系建设的发展方向。

除此之外,企业道德也是与食品安全问题息息相关的。现代经济社会分工大体可以分为政府角色和企业角色,政府主要负责维持市场秩序,保障社会资源公平、公正分配,企业主要负责通过市场竞争获取最大利润,间接的成果就是为社会创造了财富。当然,企业是水产品的直接生产者和经营者,水产品质量安全与否,企业的作用至关重要,但是水产品质量安全管理更需要一个健康、有序和法制的市场环境,企业道德可以归属到企业文化和企业社会责任来探讨。

推进社会主义道德体系建设,重点是实施公民道德建设和加强职业道德教育,具体应当从以下几方面着手。一要充分发挥舆论的宣传作用。除了传统意义上的平面媒体和立体媒体,还应当多采用座谈会、典型模范巡回演讲、甚至音乐舞台剧等更加生动、更加深入人心的形式来宣传社会主义道德体系,要创新舆论宣传方式,使得宣传活动更加贴近百姓、更加贴近生活。二要加强教育培训。推进社会主义道德体系建设,不单要针对社会从业人员,更要从加强高校教育入手,学生社会阅历少,更能接受新的理念和事物,加强高校教育能够从源头上贯彻社会主义道德体系建设宗旨。三要合理进行政策引导。马克思曾经说过:"人们为之奋斗的一切,都同他们的利益有关。"建立利益导向机制是推进社会主义道德体系建设比较有效的措施,政府可以设立专项基金用来奖励模范典型,企业也可以将工资收入与员工道德评价挂钩,将经济利益与道德建设捆绑在一起并没歪曲道德建设的本意,相反,是将人性与道德进行了更好、更合理的融合,是符合社会主义道德体系建设宗旨的。四要加强道德制度建设,提高道德的权威性。将道德与法律、伦理与制度结合在一起能够充分发挥两者的优势,弥补各自的缺点,道德柔软而全面,法律强硬而狭窄,伦理由内而外,制度由外而内,至于各自尺度的把握,则需要进行道德制度研究,加强道德制度建设,在划定二者各自的规制范围时也能够更好地将二者捏合在一起形成合力。五要吸收一切优秀道德文化成果,消化成适合我国社会主义初级阶段国情的道德规范。对于国外优秀道德文化成果不能机械地照搬,也不能完全否定,要取其精华去其糟粕,学习国外先进的生态道德、企业道德和员工道德等内容,对于国外的自由主义和物质主义则要辩证看待。

第四节 推进水产品品牌建设

农产品品牌指的是生产经营者出于市场发展和竞争的需要而赋予农产品的一种特殊的标识。农产品品牌建设,顾名思义,指的就是相关主体对农产品品牌进行规划、宣传、维护和经营的过程。推进农产品品牌建设是增加农产品附加值、促进农业产业化发展以及保障农产品食品安全的重要保障,凯文·莱恩·凯勒就品牌对消费者和生产者的作用进行了总结,详见表9-5。

表 9-5　品牌对消费者和生产者的作用

品牌对消费者的作用	品牌对生产者的作用
识别产品来源 产品制造者责任诉求 有利于减少风险 有利于减少搜寻成本 产品制造者承诺、联系或契约 象征意义 质量信号	简化运作或追踪的识别途径 合法保护独特特征的途径 满足顾客质量水平的标志 赋予产品独特联想的途径 竞争优势的来源 财务回报的来源

资料来源:凯文・莱恩・凯勒,战略品牌管理(第 2 版). 李乃和,等译. 中国人民大学出版社,2006:88

一、农产品品牌建设的特性

第一,农产品品牌建设受政策和法律法规的影响比较显著。首先,农业作为第一产业,在国民经济中起到基础性的作用,农业生产是关系到百姓日常生产生活的头等大事,同时农产品也是国家重要的战略储备资源。而农产品品牌所具有的脆弱性和创建过程的艰难性决定了农产品品牌建设需要国家在政策上给予一定的倾斜,在资金上给予一定的支持。其次,农产品质量安全是关系到国计民生的大事,直接关系到消费者的生命健康,国家于是出台了《中华人民共和国农产品质量安全法》,在法律和政策方面都对农产品质量安全问题进行了严格的规定。本书第二章讨论过农产品品牌的其中一个特征就是对食品安全问题的要求非常严格,而农产品品牌战略的实施能够在很大程度上保障农产品的质量安全,提高农产品的质量和产量,促进农民增收,推动农业标准化生产和农业产业化的发展。最后,农产品品牌建设的参与者也具有多元性特征,既有农业企业、农户和各种农业行业合作组织,也包括政府。政府相关部门需要为农业生产和农产品品牌建设提供一个法制化、有序化的平台,为农产品品牌建设提供一个良好的外部环境,既要在法律方面保护农产品品牌的合法权益,打击假冒伪劣等侵害合法农产品品牌的违法行为,又要对其他农产品品牌建设参与者加强宣传、教育和指引,可以说,将农产品品牌建设活动纳入法制化、制度化的轨道是政府职责的一部分。

第二,农产品品牌建设过程具有复杂性。首先,农产品品牌形象具有复杂性,包括农产品商业品牌和农产品区域品牌等形式,同时质量认证标志、地理认证标志等也属于广义农产品品牌的研究范围,这就涉及农户、农业企业、各种农业行业合作组织和政府相关部门等多方主体,由于所有参与者都是独立的经济利益体,追逐利益是当然的目标,农产品品牌建设过程的复杂性可想而知。其次,农产品很重要的一个作用是满足人们基本的饮食能量需求,也就是可食用性的特征比较明显,这就要求农产品质量至少能够达到食用标准,然而农业生产受自然环境、技术水平和管理水平等因素的影响较大,农产品的质量控制比较困难,我国当前农产品标准化建设还处在比较落后的阶段。最后,当前我国农业产业化水平比较低,规模效应得不到完全展现。农户作为基本的农业生产单位,在生产和管理等方面存在许多问题,而作为打造农产品品牌主力军的农业企业,不管是在品牌意识方面,还是在管理水平方面,都需要进一步灌输品牌理念,适应品牌经济的发展要求。

第三,农产品品牌建设具有长期性的特点。农产品属于消耗性的产品,生产周期性明显,保鲜期一般也较短,从农产品进入市场开始到消费者购买并且使用完毕,整个消费周期相对于工业产品来讲是非常短的,所以单次消费并不能在消费者心里留下很深的印象,不像工业产品,一次消费就可以给消费者留下很丰富的品牌信息和品牌印象。所以,农产品品牌建设是一个长期的过程,而且我国消费者多年来养成的消费习惯一时难以改变,品牌农产品也是近几十年才发展起来的,如何让较为年长的消费者意识到品牌农产品的存在,进而接受品牌农产品,这无疑是一个长期且困难的过程。还有一点需要注意,那就是我国当前农产品品牌建设还处于相对落后的阶段,农产品品牌理论和实践研究有待于进一步深入,我们需要学习借鉴发达国家农产品品牌建设的先进经验,这必将是一个长期的过程。

第四,农产品质量安全是农产品品牌建设的重要根基。农产品质量安全是农产品品牌建设的根基,是关乎国民经济健康发展和社会环境稳定的重要问题,是政府相关部门的工作重点,也是所有农产品品牌建设参与主体所必须重视的头等大事。当前许多农产品都是在化肥、农药和激素的过量使用中诞生的,甚至出现了一些违法添加对人体有害物质的现象,如最近出现的湖南毒大米镉超标的现象,这种强致癌物都能出现在作为百姓主食使用的大米中,对消费者造成的伤害是巨大的,对湖南所有大米品牌的打击也是巨大的,消费者无不对湖南大米谈虎色变,所以打造农产品品牌,一定不要触碰农产品质量安全这一底线。

二、推进水产品品牌建设

水产品品牌建设是渔业经济发展到一定阶段的必然要求,随着国民经济的发展和百姓生活水平的提高,市场对水产品提出了越来越高的要求,绿色、安全已经成为放心水产品的标签,加强品牌建设能够很好地增强竞争力以及规避国际贸易技术壁垒,因此水产品品牌化成为许多渔业企业,尤其是大型渔业企业的市场选择。推进水产品品牌建设,需要从以下几个方面着手。

第一,更新观念,树立企业品牌意识。21世纪是品牌的时代,有实力、有规划的渔业企业应当树立品牌意识,这是提升企业和产品核心竞争力的不二选择。威海好当家集团就是打造水产品品牌比较成功的企业之一,2013年12月由中国农产品流通经纪人协会主办的"2012年度全国百强农产品经纪人综合排名暨百佳农产品品牌评选活动授牌仪式"上,好当家有机刺参品牌荣获2012年度"全国百佳农产品品牌"称号,这对于好当家有机刺参乃至公司其他水产品都能够起到扩大市场影响力的效果。

第二,建立利益引导机制,对水产品品牌建设提供政策扶持。政府应当通过税收、财政补贴等方式鼓励企业打造水产品品牌,同时通过信贷优惠等政策吸引渔业企业进入品牌经济时代。政府应当扶持渔业龙头企业,将分散的小企业凝聚成规模,形成规模效应,促进渔业产业化发展,集中优势力量将渔业龙头企业做大做强,做出品牌。渔业龙头企业能够形成辐射圈,配套业务也会围绕大型龙头企业展开,如水产品加工和物流,集聚效应自然而然便产生了。

第三,加大广告宣传投入力度,提升品牌形象。VI设计的全称为"视觉形象识别系统设计",包括企业形象设计和品牌形象设计,VI设计是渔业企业走品牌化道路的基础。渔业企业想要在竞争日益激烈的今天提高市场竞争力,加强品牌宣传是必然选择,而广告则是品牌宣传最重要、最直接的方式。品牌价值作为一种重要的无形资产,主要由品牌认知、品牌形象、品牌联想、品牌忠诚和其他品牌专有资产构成,尤其是在品牌初创阶段,品牌认知和品牌形象至关重要,只有通过广告等方式加大品牌宣传力度,才能很好地提升品牌形象。另外,品牌名称和商标设计也要符合提升品牌形象的宗旨,要符合水产品消费习惯和产品特色,避免出现牛头不对马嘴的情况,搞得消费者不知所以然。做广告,资金投入自然少不了,鉴于目前我国渔业企业普遍规模较小,既没有资金实力、也没有很强烈的意愿进行广告宣传,所以推进渔业产业化,扩大渔业企业规模,形成规模效应便成为我国渔业发展的必然选择。

第四,重视水产品质量安全,进行水产品质量安全认证,推进品牌技术创新。一流的品质缔造一流的品牌,所有品牌都要以产品质量为基础。提高水产品质量要从育苗、养殖、加工、运输和销售等所有环节入手,实施养殖标准化、加工标准化和物流标准化,标准化能够给水产品质量提供良好的保障,是市场竞争力的核心元素。绿色、无公害和有机食品是绿色消费浪潮的产物,渔业企业也要紧跟这一潮流,开发绿色、无公害和有机水产品,重视进行产品质量安全认证,这是一条提高水产品质量、提升品牌影响力的捷径。另外,加强技术研究和人才储备也是提高水产品质量的重要途径,水产品易腐烂变质的特点决定了水产品运输和储藏的重要性,同时水产品加工技术和养殖相关技术也决定了水产品质量的高度,因此加强技术攻关和人才培养是当务之急。

第五,做好品牌定位,重视市场调查研究。完善的市场分析研究能够帮助渔业企业更好地进行品牌定位,避免漫无目的地进行品牌宣传。大型渔业企业和中小渔业企业的品牌定位和产品定位肯定不同,中小渔业企业要充分利用市场空隙见缝插针,大型渔业企业则要在产品技术含量和绿色、环保等方面做足文章。养殖、加工、流通和销售环节的市场需求不同,相关企业定位自然不同,市场调查对于品牌定位的重要性便更加明显。

第五节　建立水产品食品
安全风险分析和预警体系

食品安全风险分析和预警体系,顾名思义,包括了食品安全风险分析机制和食品安全预警机制两部分。食品法典委员会(CAC)将风险分析引入食品安全性评价中并把风险分析分为风险评价、风险控制和风险信息交流三部分,其中风险评价自然占据基础地位,在风险评价的基础上并依托风险信息交流,风险控制机制才能有效发挥作用。笔者认为,水产品食品安全风险分析和预警体系应当包括水产品风险评价、水产品风险管理、水产品食品安全预警机制以及水产品食品安全应急处理机制四部分,因为风险信息交流本身就是风险管理机制的内容之一。

一、水产品风险评价机制

依据食品法典委员会(CAC)的定义,"风险评价(Risk Assessment)是一个建立在科学基础上的,包含了危害识别、危害描述、暴露评价和风险描述四个步骤的完整过程"。吴林海等认为通过对2006~2012年食品生产、流通与消费三个阶段食品安全风险汇总值的比较可以发现,2012年我国生产阶段的风险大于消费阶段,消费阶段的风险大于流通阶段,所以总体来讲生产环节仍然是食品安全风险评价的重点关注阶段。

林洪认为水产品风险评价以食品毒理学评价为核心,包括对实验设计进行实验前的方法学评价,对实验结果进行解释与评价以及根据作用强度、残留动态、靶器官和人类可能摄入量作出对人体的安全性评价并说明被评价物质可否存在于水产品中。

危害识别主要是通过确定某种物质的毒性,在可能时对这种物质导致不良效果的固有性质进行鉴定;危害描述一般是由毒理学实验获得的数据外推到人,计算人体的每日允许摄入量或暂定每日耐受摄入量,对于营养素,为制定每日推荐摄入量;暴露评价主要是根据膳食调查和各种食品中化学物质暴露水平调查的数据进行的;风险描述主要是暴露对人群产生健康不良效果的可能性进行评估,对于有阈值的化学物质,就是比较暴露和每日允许摄入量,暴露小于每日允许摄入量的,健康不良效果的可能性在理论上为零,对于没有阈值的物质,人群的风险是暴露和效力的综合结果,而且要说明风险评价过程每一步所涉及的不确定性。

二、水产品风险管理机制

风险管理指的是如何使某个系统的偶发性风险事故造成的负面效应最小的各种活动的总称,包含两个层次的内容:一是风险管理是一个管理过程,即为使一个组织或机构在合理成本基础上力争使偶发性风险损失的负面效应达到最小的计划、组织、指挥和控制过程;二是风险管理是一个决策过程,包括五个步骤,即对可能影响系统基本目标的风险进行识别和认定、对处理这些风险的各种备选方法的可行性进行分析论证、选取具有明显优势的风险管理方法、实施选定的风险管理方法以及控制选定的风险管理方法的处理结果以保证风险管理活动始终处于有效状态。

笔者认为,水产品风险管理机制应当包含三个基本内容,那就是水产品风险控制、水产品风险补偿以及水产品风险信息交流。风险控制的主要目标是通过选择和实施适当的措施,努力实现对食品安全风险的有效控制,进而保障公众健康。具体措施包括制定最高限量、制定食品标签标准、实施公众教育计划、通过特定措施来减少某些化学物质的使用等。风险补偿指的是对于无法通过风险控制完全消除的风险事故所造成的损失,通过一定途径筹集资金进行经济补偿,包括风险自留与风险转嫁。风险自留指的是通过在系统内部用各种方式筹集资金用于风险损失补偿的办法;风险转嫁指的是从系统外部筹集资金用于风险损失补偿,包括保险方式转嫁和非保险方式转嫁两种形式。依据食品法典委员会(CAC)的定义,风险信息交流指的是"在风险评价人员、风险控制人员、消费者和其他有关的团体之间就与风险有关的信息和意见进行相互交流,内容包括风险的性质、利益的性质、风险评价的不确定性和风险控制的选择"。水产品风险管理机制应当将水产品风险控制、水产品风险补偿与水产品风险信息交流有效结合在一起,针对水产品的食品安全风险类型建立相应的风险管理系统。

三、水产品食品安全预警机制

季任天等认为食品安全预警机制包含食品安全信息源系统、食品安全预警分析系统和食品安全反应系统。吴林海等认为食品安全预警机制包含两个方面的内容:一是建立食品安全网络舆情监测和预警机制,及时掌握舆情动态;二是建设并完善组织架构和制度体系,保障机制的正常运行。杨天和等认为食品安全预警需要广泛应用危险性评估技术。食品安全风险预警及评估技术主要用于评价食品中有关危害成分或者危害物质的毒性以及相应的风险程度,包括食品安全风险信息收集、危害因素识别和确定、食品的风险水平分析和评价。

水产品食品安全预警机制,实质上就是通过对水产品质量检测数据的实时监控自动发现异常安全隐患,由此形成预警信息,并且按照预先设定好的流程进行通知或发布预警信息,因此水产品食品安全预警机制与水产品质量检验检测体系是相辅相成的。依据供应链环节,完整的水产品食品安全预警机制包括鲜活水产品食品安全预警系统、加工水产品食品安全预警系统、流通环节水产品食品安全预警系统、消费环节水产品食品安全预警系统和进出口环节水产品食品安全预警系统。

除此之外,水产品食品安全风险监测系统也是水产品食品安全预警机制的重要组成部分。食品安全风险监测是通过系统和持续地收集食源性疾病、食品污染物和食品中有害因素的监测数据及相关信息,并进行综合分析和及时通报的活动。食品安全风险监测系统的基础是全国食品污染物监测网络和全国食源性疾病监测网络,2009 年起我国农产品质量安全例行监测平均每年 4 次,其中包括水产品,监测参数接近 300 项,2011 年我国农产品质量安全例行监测范围扩大到全国 144 个城市、91 种农产品和 91 项检测参数,全年组织 4 次例行监测、6 个行业性专项监测和 1 次普查,检测样品 10 万多个,对农产品质量安全隐患进行了有效的预防和监测。

四、水产品食品安全应急处理机制

根据《国家食品安全事故应急预案》规定,食品安全事故发生之后,卫生行政部门将首先依法组织对事故进行分析评估,确定事故级别,特别重大、重大、较大和一般食品安全事故分别由国务院批准成立的特别重大食品安全事故应急处置指挥部,事故所在地的省、市、县级人民政府成立的应急处置指挥机构组织进行应急处理。蔡华认为水产品食品安全应急管理体系建设包括预案体系建设、组织体系建设、信息体系建设、应急队伍建设和宣传教育体系建设,重点进行的应急管理体系建设有快速检测技术平台建设、溯源体系信息平台建设、风险分析预警平台建设和应急流动监测平台建设。水产品食品安全应急处理机制是水产品食品安全风险分析与预警体系的延伸机制,在食品安全风险预警信息形成之后,综合依据法律法规、风险等级以及事先设定好的程序流程启动水产品食品安全应急处理机制,目的就是及时、快速、有效地对食品安全事件做出应对反应,尽量减少食品安全风险给人民群众造成的生命财产损失,该应急处理机制不是无准备的,而是与预防、监控和善后处理机制紧密结合在一起的。

第六节　提升海洋渔业产业化水平

渔业产业化的概念是 20 世纪 90 年代提出的,目前对于渔业产业化并没有一个完全统一的概念,骆乐(1997)对渔业产业化的定义是"在国际和国内市场需求的导向下,以提高渔业附加值为目的,优化产业资源,形成一体化的经营机制,使传统渔业向现代渔业转型"。海洋渔业产业化简单来讲就是将育苗、海水养殖或捕捞、加工、流通和销售等各个环节有机结合在一起,通过合并或者契约将产业链合并为一体化流程,减少交易成本和交易环节,实现规模效应和集聚效应,形成利益共同体。海洋渔业产业化是渔业发展由粗放型向集约型转变的必然要求,是实现海洋渔业可持续发展的题中之意,也是提升海水养殖产品市场竞争力和提高投入产出比率的有效途径,有利于海洋渔业产业结构合理化调整、提高海洋渔业科技发展水平和保障海水养殖产品食品质量安全。

纪玉俊(2011)认为海洋渔业产业化最重要的条件就是海洋渔业产业链的形成,而且海洋渔业产业化中产业链的内部稳定机制是准一体化契约分工,外部稳定机制是政府和渔业中介组织。笔者认为海洋渔业产业化内部发展机制应当包括企业并购、专业化分工、长期契约和水产品批发市场产业化发展,外部辅助机制主要是海洋渔业社会化服务体系,包括政府、渔业中介组织、金融机构、渔业保险机构和科研机构等主体因素。

一、海洋渔业产业化内部发展机制

海洋渔业产业化要求将海洋渔业产业链上游、中游和下游各个环节有机结合起来,主要解决的就是分散经营与市场和规模效益之间的矛盾,结合的方式包括企业并购、专业化分工,长期契约和水产品批发市场产业化发展。企业并购方式指的是规模较大的公司可以进行纵向发展,收购或者入股上游或者下游规模较小的公司,将公司的业务直接开展到产业链其他环节,从而迅速实现产业化发展。该方式适合海洋渔业龙头企业。虽然也具备典型产业化发展模式的特点,但是适用对象和适用范围都比较狭窄。龙头企业具有强大的市场开拓能力,能够实现 $1+1>2$ 的效果,实现海水养殖、加工和市场的有效连接,向分散的海水养殖户提供资金支持,并且直接收购养殖产品,在其辐射范围内的渔民和配套服务企业都将因此受益。龙头企业是海洋渔业产业化经营的主体,代表着海洋渔业产业化的发展水平,其经济实力、辐射能力和影响力的大小决定着水产品加工和流通的深度和广度。

专业化分工很好理解,现代市场经济运行模式的基础就是专业化分工,甚至有越分越细致的现象,现代企业绝大部分都是从事专业化生产,主要目标市场就是自己那“一亩三分地”。马克思的分工协作理论认为专业化分工可以提高劳动生产率,在专业化分工的基础上促进产供销的紧密结合,有利于降低机会成本;亚当·斯密在《国富论》中也对专业化分工进行过形象的描述,正常情况下一个师傅一天只能做一根针,但是十几个工人分工协作的话每天平均可以制造几百根针。

建立长期契约机制是提升海洋渔业产业化水平的重要途径,郁义鸿等(2006)指出,产业链上的企业通过长期契约维持稳定的“投入—产出”关系是出于两个原因:一是长期契约有利于增加市场承诺的可信度;二是大多数的纵向关系是重复或者长期的,先期投入不可避免,只有通过长期契约才能防止由于逆向选择引发的低效投资,从而减少道德风险导致的机会主义行为对一方的损害。

水产品批发市场是我国海水养殖产品的主要流通和销售平台,因此水产品批发市场的产业化发展水平对于海洋渔业产业化发展有着重要影响。我国水产品批发市场主要有四种形式:一是传统的商业市场,二是专业市场,三是现代新型流通平台,如连锁经营市场和大型超市,四是网络电子交易平台。水产品批发市场产业化发展必须开发产业经营新途径,包括养殖加工主导型产业一体化建设和流通主导型产业一体化建设,充分利用现代互联网络和先进科技,以水产品安全信息平台为载体,实现对海洋渔业产业化发展的带动作用。

二、海洋渔业产业化外部辅助机制

海洋渔业产业化的发展离不开外部辅助机制的帮助,主要以海洋渔业社会化服务体系为代表,海洋渔业社会化服务体系主要是为海洋渔业的上游、中游和下游环节提供综合性的配套服务,是衡量海洋渔业产业化的一个重要标志。海洋渔业社会化服务体系包括政府、渔业中介组织、银行机构、保险机构和科研机构等主体,每个主体都在海洋渔业社会化服务体系中扮演着重要的角色。渔业产业化以市场为导向,但由于市场机制自身存在缺陷,所以政府在渔业产业化发展过程中应当充分发挥战略规划作用、扶持作用、引导作用和保护作用。其中战略规划作用包括龙头企业、水产品交易市场建设和社会化服务体系建设的规划,扶持作用包括政策扶持、组织扶持和财政、税收扶持,引导作用包括信息引导和项目示范,保护作用包括对渔民的保护、龙头企业的保护和渔业资源的保护。渔业中介组织是与海洋渔业产业紧密相关的中介组织,不直接从事海水养殖、加工或者流通,而是通过法律法规或者政府委托,凭借其特有的社会服务和沟通等功能,为政府、海水养殖户和渔业企业这些主体建立信息沟通渠道并且提供有偿服务的社会自律性组织。渔业科研机构主要提供智力、技术支持以及专业人才的输出,新型养殖和加工技术研究及推广也主要由科研机构负责,具有知识产权性质的应当申请知识产权注册,这可以在很大程度上提高渔业科研机构的市场积极性,在实现经济效益的同时为海洋渔业产业化发展提供了科学和技术支撑。金融机构和渔业保险机构主要提供资金支持和风险保障,海洋渔业是一个高风险、高投入的行业,因此金融机构和渔业保险机构应当建立一种成熟、合理的针对海洋渔业的融资和保险机制,一方面给广大海水养殖户和渔业企业提供政策性低息或免息信贷支持,另一方面为其提供安全保障措施,保证其在遭受重大灾害的情况下能够得到保险机构的赔偿,挽回部分损失。

第七节 建立完善的人才培养和人员培训机制

海水养殖产品质量安全与各环节具体经营主体的职业素养息息相关,具体工作都是由相关从业人员来完成的,因此建立完善的人才培养和人员培训机制便成为必然选择。此处所谓的"人才"和"人员"并不是针对人群进行的划分,而是以培养和培训的内容为分类标准进行的名称上的区分,因为根据维基百科的定义,人才指的是具有良好的素质,在一定的社会历史条件下,以其创造性劳动对社会发展和人类进步作出积极贡献的人,国际上通常将人才分为学术型人才、工程型人才、技术型人才和技能型人才,所以两种机制针对的受众群体都是对经济发展和海水养殖产品食品安全保障有重要贡献的人才。人才培养机制偏重于针对层次较高的科研和管理人才,这方面的人才培养并不是培养纯粹的流水线产品,而是培养人才金字塔中的塔尖人才,虽然这类人才的数量需求比例较小,但是却掌握着渔业科技和海水养殖产品的发展方向,可以这么说,这类人才就是渔业这艘大船的舵手,重视的不是数量,而是质量;人员培训机制偏重于针对层次较低的具体操作环节,如养殖、加工、物流等具体工作流程培训,这类培训对于创新等要求并不是非常高,反而对于标准化的工作培训非常重视,这类人群也是人才,属于国际通常分类中的技术型或技能型人才,经过专业性培训之后便具备了有独特性的职业技能。人才培养机制和人员培训机制没有所谓的高低贵贱,人的社会分工可以有高低之分,但是人格没有贵贱之别,两种机制针对的受众群体不同而已,二者教育出来的人员在海水养殖产品食品安全保障中肩负着各自的责任,均发挥着不可替代的作用。

一、政府及政府授权第三方机构

加强海水养殖产品食品安全管理既是政府的权力,也是政府的职责所在,因此必须加强政府管理和执法队伍建设。对于渔业政策制定部门来讲,把握渔业发展潮流、维护渔业稳定发展以及制定符合经济社会发展需求的渔业政策是主要工作。这种渔业政策决策层是典型的人才培养机制对象,对于政策决策人员的职业素养要求极高,这类培养机制应当与高校、科研机构、企业和养殖户紧密结合,既要求有高度,还要有足够的深度。对于渔业和海水养殖产品相关执法部门来讲,标准化的执法和管理流程培训是必修课,这类行政工作不需要所谓的前瞻性和创新性,而是需要按照规章制度严格执行,属于人员培训机制。

在此需要强调一下,笔者反对所谓的人性化执法,既然是执法,就应当按照规章制度进行,如果该制度不够人性化,那么修改制度或者进行附加解释说明就是政策制定部门的责任,执法和管理部门的责任就是纯粹的执行。如果允许所谓的人性化执法存在,对法律法规和规章制度的权威性是一种削弱,而且会有一个很严重的问题随之出现:对什么人可以人性化执法放宽政策要求,对什么人严格按照规章制度执法呢? 这就会由执法和管理者的个人意愿决定了,甚至会由其心情决定,关系户和"吃拿卡要"现象也会由此滋生。

政府授权第三方机构是协助行政管理部门进行食品安全保障的机构,如食品安全认证机构。这类机构从业人员的素质培训应当归属于培训机制,也就是应当严格按照国家法律法规、政府授权范畴以及工作要求加强从业人员培训。这类机构因为有行政机构的授权,所以也是带有权威性和公信力的,加强其机构管理和人员培训也应当按照人员培训机制的要求严格进行。

二、企业

这里所说的企业包括海水养殖企业、渔药生产经营企业、饲料生产经营企业、海水养殖苗种企业、海水养殖保险企业、渔业中介组织、海水养殖产品生产加工企业以及海水养殖产品物流企业等。涉及的人员又分为两种，一种是企业管理决策人员，一种是具体业务操作人员。企业管理决策人员掌握着企业的发展方向，对企业文化起着决定性的作用，目前许多高校所谓的总裁班越来越多，应当属于人才培养机制，对前瞻性和创新性有较高要求。具体业务操作规范属于职业技能培训，内容大多是标准化的操作流程以及卫生生产规范，培训的要求是熟练度和准确性，属于人员培训机制。

三、科研机构、高等院校和中等职业学校

科研机构和高等院校进行的主要是理论和生产创新方面的教育及研究，科研机构的研究人员属于典型的人才培养机制的对象，这些研究人员通常是站在相关领域科技前沿的前瞻者；高等院校则是科研机构主要的人员提供者，也是培养创新人才的中坚力量，高校学生也是人才培养机制的主要对象。中等职业学校和高校中的职业教育则偏重于职业培训，主要进行的是社会经济发展需要的技术工种教育，属于人员培训机制。

四、海水养殖户和个体摊贩

海水养殖户和个体摊贩是我国目前海水养殖产品的主要养殖者、运输者和销售者，具有规模小、分散性强以及管理难度大等特点，加强相关职业技术培训具有相当大的难度。科技推广会、发放技术科普传单、举办专家进村讲座以及利用农科频道等媒体都是可行的方法，对各种海水养殖产品的养殖技术环节、运输和销售环节技术难点进行重点讲解和说明，大力推广新型技术，培养海水养殖户和个体摊贩的食品安全卫生意识。针对海水养殖户和个体摊贩的人员培训机制是上述几种群体中难度最大、范围最广，但也是效果最为彻底的职业培训，是建立海水养殖产品食品安全保障体系必须坚持的一项工作。

第八节　加强企业文化建设

一、企业文化建设的重要性

企业是市场经济重要的组成部分,是保障市场经济繁荣发展的重要条件,企业的和谐发展,不仅是企业自身的发展要求,也是市场经济和谐发展的要求,更是构建社会主义和谐社会的题中之意。

企业要想在市场经济的浪潮中生存,必须提高自身的核心竞争力。核心竞争力是什么? 核心竞争力就是"人无我有,人有我优,人优我转"。这跟田忌赛马在原理上是相通的,企业跟人一样,一定要充分认识到自身的优势和劣势,充分利用自身的相对竞争优势,避开自身的相对劣势,坚持打造自身的特色。1997 年英国经济学家情报社等所作的《展望 2010 年》调查报告曾指出:"当前全球 67％的公司是基于核心竞争力来推动竞争优势的,到 2010 年这一比例将达到 85％。"一般来说,企业核心竞争力可以分为硬件方面和软件方面。硬件方面包括厂房、设备、资本和技术等,软件方面指的就是价值观和经营理念等文化内涵。

企业文化是一个企业的灵魂,是企业立足发展的根基,也是企业健康发展的内在要求。古人云:"只有魂之附体,才有人之气。"一个企业跟一个人是一样的,建立符合自身情况、积极向上的企业文化就如同一个人树立了正确的人生观和价值观,重要性不言而喻。同时,企业文化还担负着凝聚全体员工以及激励和约束员工的重要作用。建立优秀的企业文化,能够鼓舞和激发员工的工作热情和潜力,同事之间也能够有共同的奋斗目标,合作也会更有默契,企业与员工之间的交流互动也会更加顺畅。优秀的企业文化应当以人为本,以员工为本,切实关注、关心、关怀每一个员工,员工也会努力回报企业这个大家庭。总之,优秀的企业文化能够建立、培养和维持一个优秀的企业员工团队,增强彼此间的默契和凝聚力,能够使企业这个平台发挥最大的作用。一个有着优秀企业文化的企业,就如同一个有着坚忍毅力和良好品格的人,披荆斩棘,无往不利,所向披靡。

对于从事海水养殖产品养殖、加工和流通业务的企业来讲,重视水产品质量安全应当纳入企业文化的建设范畴,这既是企业文化建设的内在要求,也是企业社会责任的重要体现。可以这么说,食品企业的企业文化建设离不开食品安全理念的坚持和传播。

二、在企业文化建设中应当着重强调企业社会责任

我们应当注意,一个企业,尤其是在中国特色社会主义市场经济条件下的企业,不仅应当追求利润和效益,更应当强调企业的社会责任。作为一个人,唯利是图是自私的表现,同样,唯利是图也是一个成熟企业应当竭力回避的词汇。一个成熟健康的企业文化应当包含对企业社会责任的要求。从哲学上讲,事物是普遍联系的,没有事物能够孤立在普遍联系之外。如果在企业文化中强化了社会责任方面的要求,就能够起到一个良性循环的作用。企业重视社会责任,会极大促进社会的和谐稳定进步,社会环境优化了,企业的交易成本就会降低,企业就会有一个良好的外部环境,于是企业就会更加重视其社会责任的履行,以此推之,最终迎来的是一个多赢的局面:社会进步,经济繁荣,企业活跃,政治稳定,百姓收入增加,最终受益的还是人民。

企业社会责任(CSR)是 20 世纪初美国提出的,其初衷是为了建构企业与社会的和谐关系。周祖城认为:"企业社会责任是指企业应该承担的,以利益相关为对象,包含经济责任、法律责任和道德责任在内的一种综合责任。"一般来讲,企业社会责任针对的是股东以外的企业利益相关者,包括消费者、合作伙伴、政府、社区、环境、民间组织以及企业员工等等。可以说,企业与社会相互依赖,相互促进,共同发展。

作为水产品企业,主要经营项目是食品,所以食品安全既是企

业文化建设中的关注重点,也是企业社会责任的具体体现。加强企业文化建设,强化企业社会责任意识对于当前我国社会发展是有重要意义的。

第一,企业是建设环境友好型社会的主力军。众所周知,工业企业污染与生活垃圾污染是主要的污染源,其中,工业企业污染的破坏作用尤其巨大。企业应当重视其社会责任的履行,投入资金和技术,尽量减少工业污染物的排放。如果企业都提高对环境保护的重视程度,污染严重的现状将得到很大改善。同时,政府也应当对重视环境保护的先进企业进行鼓励,包括在税收方面的减免、舆论方面的表彰等等,在企业中形成一种保护环境、人人有责的良好氛围。

第二,企业在推进社会保障事业中扮演着重要角色。企业员工一般都会通过企业缴纳社保,企业成为推动社会保障事业的重要力量,而且许多优秀民营企业家选择以资产回报社会,对于传递社会正能量起到了很好的促进作用。

第三,企业重视诚信的品质,能够促进维持良好的市场经济秩序,节约社会成本。如果企业不能做到诚信经营,就会产生巨额的交易成本,甚至会大量浪费司法成本,增加司法机关的工作量,最终浪费的是全体纳税人的财富。

第四,企业能够为社会培养大量专业人才,这是 21 世纪最重要的财富。企业为了提高生产经营效益,一般会采取培训的方式来提升员工,尤其是新进员工的素质,这对于提升我国工人素质起到了很重要的作用。专业人才的不断涌出既是企业发展的需要,又是社会进步的重要条件。

第五,企业依法纳税,为保证政府财政收入作出了重要贡献。根据财政部公布的数据,2010 年全国公共财政收入中,税收收入达到 73210.79 亿元,占公共财政收入的 88.1%。依法纳税是企业应当坚守的底线之一,如果说企业不遵守道德规范谈不上强制惩罚,那么不依法纳税则触碰到了法律的"红线"。当然,企业依法纳税,政府才能为其更好地提供服务和保护,反过来会对企业形成促进作用,如果政府财政收入得不到保障,那么企业也就失去了良好的外部发展环境。

第六,企业是加强国际贸易与国际交往的纽带。随着经济全球化的迅速发展,世界各国已经不可避免地被卷入这股发展潮流,而在这中间发挥纽带作用的就是从事国际贸易的企业。进入21世纪之后,许多大型欧美跨国企业都开始对其全球供应商采取企业社会责任评估和审查,只有在社会责任方面通过考察才能建立商业合作关系。这意味着企业要想参与到日趋激烈的国际竞争中,就必须提高对自身社会责任的要求。同时,企业在国际贸易的过程中,应当遵循诚实信用原则,企业有义务在国际交往中维护中国的大国形象。

以上分析的都是企业重视社会责任对于社会的贡献,下面简单谈谈履行社会责任对于企业自身发展所带来的益处。由于社会为企业提供外部生存环境的内容上面已经论述过,对此这里不再赘述。

企业切实履行社会责任,为企业带来的是长远发展的保证。首先,企业能够很好地处理与员工的关系,使员工有强烈的归属感与自豪感,员工在社会中也会以身为企业的一员而骄傲。其次,企业能够树立良好的企业形象,能够很好地留住老客户、开发新客户。再次,凭借良好的社会形象,企业能够很好地处理与社区的关系,为企业的发展提供便利。第四,企业能够据此留住人才,并且招聘员工也将更加顺利。第五,消费者会对重视社会责任的企业青睐有加,企业便以此增加销量,扩大市场份额。第六,良好的企业形象能够给融资带来极大帮助,投资者自然相信这些重视社会责任的企业。总之,重视社会责任给企业带来的是良好的企业形象,是信誉,是口碑,而这无疑是最给力的广告,产生的效果也许远远不是能够用钱来衡量的,著名企业家陈光标就是一个生动的例子。一个重视社会责任的企业,通过舆论传播之后,获得的无形资产将会远远超过其履行社会责任所付出的成本,效果比斥巨资拍摄广告来得还要好。

第九节　建立水产品安全信息平台

卫生部颁布实施的《食品安全信息公布管理办法》第2条对食品安全信息的定义是"县级以上食品安全综合协调部门、监管部门及其他政府相关部门在履行职责过程中制作或获知的,以一定形式记录、保存的食品生产、流通、餐饮消费以及进出口等环节的有关信息"。完整意义上的食品质量安全信息制度包含信息收集与交流系统、食品标签制度、食品质量认证体系、食品安全监测与预警系统、食品安全可追溯系统以及安全教育与培训机制。从本质上讲,食品安全信息包括三大类,即厂商主导信息、消费者主导信息和中性信息,其中政府提供的中性信息无疑在权威性和可信度方面最有发言权,本章的食品安全信息特指政府发布的、具有公共信息属性的、涉及食品质量安全和消费者健康利益的公开信息。因此,水产品安全信息平台就是一个政府发布水产品食品安全信息的渠道,对包括养殖阶段、加工阶段以及市场阶段的所有与水产品相关的产品、个人与企业信息进行权威的发布,该平台可以是政府网站、官方媒体、经过政府授权的权威媒体平台以及城市居委会和村委会等。

当然,建立水产品安全信息平台还有一个重要的作用,即澄清虚假食品安全信息,提高政府食品安全网络舆情的应对能力。食品安全是牵动亿万百姓的重大问题,如果没有权威、及时、有效的食品安全信息发布平台,以讹传讹的虚假信息就会通过网络快速传播,引起百姓不必要的恐慌,增加社会不安定因素。吴林海等认为食品安全网络舆情是指通过互联网表达和传播的,公众对自己关心或与自身利益紧密相关的食品安全事务所持有的多种情绪、态度和意见交错的总和。建立权威、及时、有效的水产品安全信息平台不但可以保证各管理部门之间食品安全信息数据共享,也是提高食品安全网络舆情管理和监控能力的重要途径。

一、水产品安全信息发布平台

第一,政府网站。我国《食品安全法》规定食品安全重大信息发布是由国家卫生和计划生育委员会(国务院机构改革之前为卫生部)统一发布,国家食品药品监督管理总局(国务院机构改革之前为国家质检总局、国家食品药品监督管理局等组成机构)、农业部和商务部也担负着食品安全日常监督管理信息的发布。相关政府机构网站是政府进行食品安全信息发布的重要平台,据国家互联网信息办公室副主任任贤良透露,截至2013年9月,我国网民数量达到6.04亿,手机网民达到4.64亿,移动互联网用户达到8.28亿,互联网普及率达到45%。在网络异常发达的今天,水产品安全信息自然首先应当在政府网站上进行公示公告。政府网站不同于普通网站,具有绝对的权威性和可信度,因此政府网站是水产品安全信息发布的首选平台。

第二,官方媒体,其中以中央电视台、中央人民广播电台以及《人民日报》为代表。中央电视台和中央人民广播电台是国家新闻出版广电总局(国务院机构改革之前为广电总局)直接领导的政府官方媒体。中央电视台作为我国国家电视台,拥有我国境内最多的收视人群,是我国最具竞争力的主流媒体之一,其中每晚固定时间播出的新闻联播更是全国观众普遍关注的节目,可以说新闻联播是进行重大水产品安全信息发布的绝佳平台,同时中央电视台旗下的中国网络电视台则集电视平台和网络平台优势于一身,充分发挥双平台优势,有利于水产品安全信息的紧急发布与公告。在电视和网络媒体没有普及的年代,广播电台曾经是老百姓获得外界信息的重要途径,虽然如今网络和电视媒体的快速发展极大地压缩了广播电台的生存空间,但广播电台依然有自己的用武之地,如在没有电视和网络的偏远地区、在公路上行驶的1.2亿余辆汽车中(根据公安部的发布数据,截至2012年底我国汽车保有量已经达到1.2亿辆)。中央人民广播电台是国家广播电台,是我国最重要、最具影响力的传媒之一,也是我国目前唯一覆盖全国的广播电台,听众超过 7 亿人,旗下以"中国广播网"和《中国广播报》为代表的新型节目则融合了网络与平面媒体的综合优势,因此中央人民广播电台也是进行水产品安全信息发布的重要平台。《人民日报》是我国第一大报,也是中国最具权威性、最有影响力的全国性报纸,被联合国教科文组织评定为世界十大报刊之一,日发行量达到了 210 余万份,同时人民日报社创办的"人民网"也是国家重点新闻网站,每天 24 小时滚动发布新闻,是重要的新闻发布平台。

第三,经过政府授权的权威媒体平台。经过政府授权发布水产品安全信息的权威媒体平台可以分为各大门户网站、各地方电视台和电台、常用网络浏览器平台。以新浪网、搜狐网和腾讯网等为代表的大型主流门户网站和以搜狗浏览器、360 浏览器为代表的主流网络浏览器具有非常大的浏览人群,许多网民会使用此类网站和浏览器进行操作,而且这些门户网站和主流浏览器都具有新闻发布的功能,因此进行水产品安全信息发布离不开这些受众面非常广的网络平台,唯一的问题是如何保证该安全信息的发布是真实有效的、具有权威性的。政府授权是最有效的方式,而且政府相关机构应当定期公示得到授权的网络平台名单,并加强对此类经过授权的网络平台的监督和管理。各地方电视台和电台应当在国家新闻出版广电总局的监督和领导下,严格按照相关规定进行水产品食品安全信息的发布,承担起食品安全信息纵向管理体系中相应的职能。

第四,城市居委会和村委会。城市居委会是我国城市基层政权的重要基础,村委会是我国农村村民自我管理、自我教育、自我服务的基层群众性自治组织,居委会和村委会都是群众性自治制度的执行单位。我国传统社会关系的纽带特点决定了二者是政府与老百姓建立良好沟通渠道的关键,尤其是村委会在农村中起着不可替代的作用。通过居委会或村委会进行发布的不会是重大、紧急的食品安全信息,通常是一些常识性的、非紧急的食品安全信息,对于这类食品安全信息可以利用居委会和村委会与老百姓的紧密关系进行宣传教育,通过举办茶话会、走访等方式加大水产品安全信息的传播力度。

二、水产品安全信息发布内容

我国《食品安全法》第 82 条对政府食品安全信息公布的内容进行了规定:"一、国家食品安全总体情况;二、食品安全风险评估信息和食品安全风险警示信息;三、重大食品安全事故及其处理信息;四、其他重要的食品安全信息和国务院确定的需要统一公布的信息。"对于其他食品安全信息是否属于公开范畴,需要有关行政机构"自由裁量",这种模式对于食品安全信息管理来讲并不十分科学,最合理的立法模式应当是"以公开为原则,以不公开为例外",在法律法规中将不允许公开的食品安全信息进行列举说明,不在列举内的则应当进行公开。笔者认为,水产品安全信息发布的内容至少应当包括海水养殖饲料相关信息、海水养殖苗种信息、海水养殖药物相关信息、水产品加工产品和企业信息、水产品可追溯信息、水产品质量检验检测信息、水产品召回信息、水产品风险分析信息、食品安全相关法律法规信息、水产品质量认证和标准信息以及水产品食品安全突发事件应急处理结果信息等。

三、建立水产品安全信息管理监督机制

《政府信息公开条例》对相关行政机构的信息发布时限进行了限制,即应当在信息形成之日起 20 日内进行发布。问题出现了,对于这种政府主动公开的信息种类,如果行政机构不公布,老百姓如何知道该信息的形成时间,进而判断公布时间是否超过了 20 日的规定期限。食品安全信息的及时发布是建立水产品食品安全信息平台的最主要目的,因此有必要建立一种关于食品安全信息发布的监督机制。该机制可以从以下几个方面着手:一是在行政机构体制内设立监督部门,形成一种垂直领导、相对独立的监督管理机制,对行政机构的食品安全信息发布进行相对独立的监督;二是建立巡检制度,定期对有食品安全信息发布职责的行政机构进行抽检;三是充分调动社会舆论监督,允许任何人提请政府安全信息

公开,批准公布也好,不批准公布也好,最起码这样可以给行政机构设置了时间期限,有助于杜绝瞒而不报的现象发生。

第十节　健全社会保障体系

对于社会保障,理论界目前没有一个完全统一的定义,陈良瑾(1990)认为社会保障是国家和社会通过国民收入的分配与再分配,依法对社会成员的基本生活权利予以保障的社会安全制度。侯文若(1991)认为社会保障可以理解为对贫者、弱者实行救助,使之享有最低生活能力,对暂时和永久失去劳动能力的劳动者实行生活保障并使之享有基本生活的能力,以及对全体公民普遍实施福利措施,以保证福利增进而维护全社会安定,并让每个劳动者乃至公民都有生活安全感的一种社会机制。根据百度百科的定义,社会保障制度是在政府的集中管理下,依据相关法律法规,通过国民收入的再分配,以社会保障基金为依托,对本国公民在暂时或者永久性失去劳动能力以及由于各种原因生活遇到困难时给予一定的物质帮助,以保障公民的基本生活需要。

社会保障是一国政府的重点工作内容之一,关系到公民的切身利益以及社会的稳定和发展,具体来讲主要体现在以下五个方面:第一,社会保障是人类文明发展进步的重要成果与推动力量;第二,社会保障有利于创造公平的竞争环境,促进经济社会的和谐发展;第三,社会保障是保障国民福利的重要机制;第四,社会保障是其他社会政策的配套机制;第五,社会保障有利于创造就业机会,改良社会产业结构。社会保障体系,指的则是由社会保障各个有机组成部分所构成的整体,强调的是社会保障的项目结构及运行机制等。

社会保障最重要的作用在于增加公民的安全感以及对未来生活的信心,当渔业从业人员不需要背负巨大经济压力从事海水养殖产品养殖、加工、流通和销售活动时,许多影响水产品食品安全的危害因素便可以相应减少,如海水养殖户为了增加产量滥用渔药和饲料的现象、水产品加工滥用添加剂等现象以及水产品流通过程中出于保鲜的目的滥用甲醛等现象都会一定程度上降低发生的概率。当然,市场经济中人都是理性的,趋利是本性,单纯依靠社会保障体系建设无法完全解决水产品食品安全问题,但是健全社会保障体系能够起到有效地保护人权的作用,生活权作为人权中最基本的权利之一,需要政府和社会提供良好的环境和机制,试想在一个社会保障体系完善的社会,基本生存压力的减轻肯定有助于社会的稳定和可持续发展,也肯定有利于保障海水养殖产品食品安全。

综合各国现实情况来看,社会保障体系一般包括社会救助制度、养老保险制度、社会医疗保险制度、失业保险制度、工伤保险制度、社会福利制度、军人保障制度和补充保障制度。社会救助制度是指政府向社会脆弱群体提供物质接济和扶助的一种基本生活保障政策,包括贫困救助、灾害救助和其他针对社会弱势群体的扶助措施。我国的养老保险制度是指由政府主导的社会统筹与个人账户相结合的基本养老保险制度,覆盖范围包括国有企业、城镇集体企业、外商投资企业、城镇私营企业和其他城镇企业及其职工,实现企业化管理的事业单位及其职工、自由职业人员以及城镇个体工商户。社会医疗保险制度一般是指由国家立法规范并运用强制手段,向法定范围的劳动者及其他社会成员提供必要的疾病医疗服务和经济补偿的一种社会化保险机制。失业保险制度具有两个功能,一是针对社会劳动者因失业失去收入来源时向其提供物质帮助,以保障失业者的基本生活;二是促进失业人员进行再就业。1999 年国务院颁布《失业保险条例》标志着我国失业保险制度基本确立。工伤保险,也称职业伤害保险,是指劳动者在工作中或在规定的某些特殊情况下,因遭受意外伤害和患职业病,暂时或永久丧失劳动能力以及死亡时,劳动者或其遗属从国家和社会获得物质帮助的一种社会保险制度。2003 年国务院颁布《工伤保险条例》标志着我国新型工伤保险制度基本确立。社会福利制度是以提高和改善社会成员的生活质量为目的的社会保障制度,在社会保障体系中扮演着重要角色,社会福利制度基本框架详见表9-6。军人保障制度是指由国家建立的,以军人为保障对象的各种社会保障制度的统称,是一种由政府直接负责、能够涵盖军人的多种风险的综合性保障制度。补充保障制度也是社会保障体系的重要组成部分,包括员工福利、企业年金、互助保障和慈善事业等内容。

表9-6 社会福利制度基本框架

老年人福利	老年人福利设施、老年人生活服务、老年人保健及老年人津贴等
残疾人福利	残疾人工厂、就业保障、康复服务、特殊教育和其他福利
妇女儿童福利	妇幼福利设施、妇幼保健服务、托幼事业和独生子女补贴等
青少年福利	青少年活动中心、心理辅导和有关优惠服务等
住房福利	住房公积金、公共房屋和房屋补贴
教育福利	义务教育、高校学生贷款计划等
社会津贴	主要指向家庭的福利性津贴
职业福利	由企业或单位自主举办的生活福利津贴、集体福利设施和其他有关福利
社区服务	由社区自主举办的有关福利性服务或互助项目

图表来源:郑功成,社会保障概论.复旦大学出版社,2005:287

　　推进社会保障体系建设是各级政府义不容辞的责任和义务。我国还处在社会主义初级发展阶段,人口多、底子薄的综合国情决定了我国当前社会保障体系建设必须按照客观规律循序渐进,既不可能一步迈入"摇篮到坟墓"式的高级社会福利阶段,也不可能原地踏步,有选择、有重点地建设有中国特色社会保障体系是当务之急。

　　一要加强农村社会保障体系建设。我国农村社会保障的现状是保障水平低、保障项目少、覆盖范围窄、筹资渠道单一以及医疗保障发展滞后,而渔业从业人员大部分来自于农村,推进农村社会保障体系建设已经成为海水养殖产品食品安全保障体系建设的重要内容之一。建立新型农村社会保障体系,必须以资金为基础,以法律法规为依托,重点建设农村社会养老保险、农村医疗保障制度和农村最低生活保障制度。

二要扩大社会保障体系的覆盖范围。我国城乡二元结构导致城乡发展不均衡,如何建设全民制和普惠制社会保障体系是今后保障工作重点,只有扩大社会保障体系的覆盖范围,扩展受惠群体,才能尽量保证所有公民平等、透明地处在社会保障的阳光普照之下。

三要加大社会保障体系的保障力度,降低社会保障的准入门槛,增大资金投入力度。社会保障针对的是全体公民,虽然不同的社会保障种类会有不同的准入门槛,但总体趋势必然是逐步降低准入门槛,减少公民享受社会保障的难度。同时政府增加财政投入也是必要途径,必须用好社会保障这把国民收入二次分配的"利剑",缩小贫富差距。

四要学习发达国家先进社会保障经验,重视国际交流。发达国家社会保障体系建设起步较早,发展程度比较高,其中以北欧诸国先进的社会保障体系为典型代表,当然,我国目前的基本国情决定了绝对不能照搬国外的社会保障模式,经济社会发展程度是社会保障体系建设的基础,必须依照我国国情,有选择地引进国外先进的社会保障管理模式,避免"大跃进"式的发展。

五要加强经办服务能力,完善社会保险转移、衔接政策措施。社会保障建设的趋势肯定是规范工作流程、提高办事效率、完善社会保险的异地转移措施,社会保障本身就是为公民提供基本生活保证的,不应当人为设置繁琐的流程,在安全管理的前提下简化流程是基本发展趋势,实现规范化、科学化和信息化是发展目标。

六要加强宣传教育,充分调动个人缴费的积极性。让广大百姓了解社会保障的重要性有助于推动社会保障体系建设,以养老保险为例,要普及多缴多得的常识,最终养老保险金额是与缴费金额挂钩的。提高全民参与社会保障的积极性是推进社会保障体系建设的兴奋剂与催化剂。

七要加强社保基金管理,保证社保基金零风险。社保基金是老百姓养老养命的钱,因此必须加强社保基金的管理,建立透明、公开的社保基金监督渠道,便于公民对社保基金的运作使用进行查询与意见参与,防止社保基金被违规操作造成无法弥补的损失,相关纪检和司法部门也要加大对违规、违法挪用社保基金的防范和打击力度,不给此类违法犯罪行为以任何可乘之机。

第十一节　建立海水养殖产品科技创新机制

在现代市场经济社会,无论是任何行业,"科技是第一生产力"都是亘古不变的真理。《农业科技发展"十二五"规划(2011—2015年)》提出农业和农村经济发展必须坚持走中国特色农业科技发展道路。

海水养殖产品在养殖阶段、加工阶段和市场阶段的食品安全保障都离不开渔业科技创新,包括海水养殖苗种的改良、天然生物饲料的研制、治理环境污染的技术研发、水产品疾病研究与治愈技术发展、水产品加工技术装备水平升级、水产品可追溯技术的研发、水产品物流技术和装备水平的提升以及水产品质量检验检测技术与装备水平的提升等,渔业科技创新带来的成果可以有效带动海水养殖产品质量的整体飞跃。赵明森认为"现代渔业建设指的是用现代科学技术和先进装备武装提升传统渔业,用现代管理理念和管理方法经营渔业,不断提升渔业科技水平,实现增长方式的转变"。可以说渔业科技创新机制是建立海水养殖产品食品安全保障体系的重点环节之一,肩负着提升我国渔业整体技术装备水平的重任,对于海水养殖业的可持续发展也具有重要意义。

一、渔业科研机构建设

渔业科研机构是推动渔业科技创新的主力军,也是渔业科学技术的发明主体,在渔业科技创新机制中起着不可替代的作用。根据《中国渔业年鉴(2013)》的统计数据,我国目前渔业科研机构有 110 个,渔业科研机构从业人员有 6 939 人,其中科技活动人员 5 015 人(包括高级职称 1 482 人,中级职称 1 633 人,初级职称及其他 1 900 人),生产经营人员 822 人,其他人员 1 102 人。科研机构的发展离不开政府的扶持,也离不开高校的合作,在各方共同努力下,我国渔业科研机构的发展肯定会取得不俗的成绩。

一方面,政府要加大资金政策扶持力度。政府在科技创新方面有责任提供扶持,增加财政拨款、提供低息或免息贷款以及提供奖金等扶持方式都可以采用,资金是进行科研创新活动的物质基础,对于渔业基本建设资金政府要给予充分重视,只有夯实物质基础,才能更好地开展渔业科研创新活动。

另一方面,要扩展渔业科研机构与高校的联系范畴,构建有效的产学研联动机制。产学研联动机制是促进渔业科研与生产结合的有效平台,建立“资源共享、优势互补、联动紧密、互惠共赢”的产学研联动机制有利于实现渔业科研机构、高校以及渔业生产单位的资源整合,充分发挥各自的专业优势,还可以吸纳社会企业资金用于弥补政府拨款数量的不足。

同时,在渔业科研机构建设中也不能忽略渔业科研档案的管理。渔业科研档案是在渔业科研、生产技术、基本建设和教学活动中形成归档保存的科研文件资料的总称。渔业科研档案作为渔业科研过程中最真实的记录,是国家与社会宝贵的财富,也是保护知识产权的重要材料证据,加强渔业科研档案管理有利于对科研成果进行查询、研究与改进。尤其是在电子资源与纸质资源同样盛行的今天,对于纸质资源和电子资源都要进行有针对性的保存与管理,防止资料外泄或者损毁。合理的归档保存流程有助于渔业科研档案的保存。

二、渔业硬件设施建设

渔业科研创新工作离不开硬件设施建设,而硬件设施建设耗费资金数量是比较大的,因此在加大资金投入的基础上必须加强渔业硬件设施建设。据统计,截至 2012 年底,农业部共建设水产遗传育种中心 22 个,水生动物疫控中心 13 个,水生动物病害研究室 3 个,各地也在积极加强渔业科技创新硬件建设,有效提升了渔业科技创新能力。具体来讲,现代化实验室、高精尖科学仪器设备、实验基地配套设施以及可移动设施都是硬件设施建设的重要内容,相对于发达国家,我国对于科技创新硬件设施方面的投入还远远无法满足渔业科研发展需要,渔业硬件设施建设可谓任重而道远。

三、渔业科技推广

建立渔业科技推广机制是推动渔业科技成果转化的重要途径,也是实现渔业整体科技水平提升的关键因素。根据《中国渔业年鉴(2013)》的统计数据,截至 2012 年底,我国共有水产技术推广机构 14 711 个,其中水产站有 3 541 个,综合站有 11 170 个;按照级别划分的话,省级机构有 36 个,地市级机构有 336 个,县市级机构有 2 166 个,区域机构有 525 个,乡镇机构有 11 648 个,乡镇机构占到了 79.18%;按照单位性质划分,行政性事业单位有 186 个,全额拨款单位 10 877 个,差额拨款单位 2 522 个,自收自支单位 1 126 个。截至 2012 年底,全国水产技术推广机构人员共有 42 598 人,其中省级机构 1 291 人,地市级机构 3 764 人,县市级机构 15 261 人,区域机构 1 499 人,乡镇机构 20 783 人,另外,全国水产技术推广机构技术人员为 30 851 人,占到全体机构人员的 72.42%,其中高级职称 2 465 人,中级职称 10 552 人,初级职称 15 517 人。建立渔业科技推广机制,必须建立完善渔业科技推广服务体系,在提升服务水平和扩展服务领域的同时大力组织实施渔业科技入户示范工程,加强渔业科研推广人才队伍建设。除此之外,建立渔业科技示范基地也是提高渔业科技产业化、促进渔业科技推广的重要途径。

四、渔业科技成果转化

一切科技创新的着眼点都是推动社会发展与变革,如何推动渔业科技成果转化为现实生产力是一个值得重视的问题,通常科技成果的研发、转化和产业化三个阶段需要的投入比例为 1∶10∶100,而我国目前用于科研成果转化的投入比例远远无法满足现实发展需要。根据《中国渔业年鉴(2013)》关于全国渔业科技基本情况的统计数据,我国渔业科技论文共发表 2 335 篇,其中国外发表 235 篇,出版渔业科技著作 52 部,专利授权 301 件,其中发明专利 184 件,拥有发明专利总数达到了 371 件。发表论文、出版著作和专利权等都是渔业科技成果的直接体现,促进渔业科技成果转化正是需要在论文、著作和专利权的基础上扩大投入,从而加速科技成果向现实生产力的转变。另外,考评机制和激励机制是推动渔业科技成果转化的两个重要机制,建立健全考评机制和激励机制需要从体制机制方面进行改革,改善我国渔业科技成果转化考评机制不完善、激励机制不健全的现状。

第十二节　小结

综上所述,这 11 项综合保障制度并不独立存在于养殖、加工或者市场中任何一个阶段,所以笔者单设了海水养殖产品食品安全综合保障体系这一章,具体包括水产品质量安全认证体系、海水养殖产品食品安全法律法规体系、社会主义道德体系、水产品品牌建设、水产品食品安全风险分析和预警体系、海洋渔业产业化、培养与培训机制、企业文化建设、水产品安全信息平台、社会保障体系以及科技创新机制等 11 项基本制度。严格来讲第十章的HACCP体系与标准化体系建设也属于海水养殖产品综合保障体系的研究范围,但是鉴于二者的重要性,笔者决定将这二者独立出来,集中进行讨论。

第十章　海水养殖产品
食品安全保障体系重点环节

第一节　推行 HACCP 体系

一、HACCP 原理简介

1. HACCP 概念及发展

伴随食品质量管理理论的不断丰富和发展，HACCP 体系在食品安全管理中的重要性也在不断提高。HACCP 全称是 Hazard Analysis Critical Control Point，即危害分析与关键控制点，它是一种食品安全预防控制体系，涵盖从原料到餐桌整个食品供应链的全过程，其作用机制是通过对食品供应链各环节中实际存在和潜在的危害风险因素进行分析评估，确定产品质量风险的关键控制点，并借此采取有针对性的预防控制措施，进而有效预防、减轻或消除危害风险因素，最大限度地保证食品质量安全。

与传统食品监督管理方法相比，HACCP 更为专业、系统、经济和高效，它的实施贯穿整个食品供应链，以食品质量风险的预防性控制为核心，以将可能发生的食品安全危害扼杀在摇篮里作为管理目标。同时 HACCP 体系极具灵活性，它没有固定的模式，不同食品企业实施 HACCP 所进行的危害分析与关键控制点设置均有所差异，而且随着生产设备革新、加工工艺或技术的发展，HACCP 体系也会不断进行调整，随时做到全方位保障食品安全，图 10-1 对此进行了比较直观的总结。

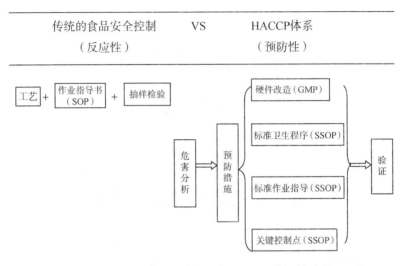

| 传统的食品安全控制
（反应性） | VS | HACCP体系
（预防性） |

图 10-1　传统食品安全控制与 HACCP 体系的对比

　　HACCP 体系最早起源于 1959 年的美国,配合当时美国载人航天事业的快速发展,如何保证在无重力作用的太空舱中食用的食品百分之百安全成为一项重要研究课题,美国 Pillsbury 公司在开发生产太空食品过程中,经过广泛研究,最终建立起一套通过控制原料环节、加工过程、环境、人员、储藏和流通等因素进行食品安全生产风险控制的"防御体系",并一直保持准确、详细、适当的记录,最终生产出具有较高可信度的安全食品。HACCP 体系就这样面世了,它不仅容易执行而且涵盖了包括原材料生产、加工和流通在内的全过程。

　　1971 年,Pillsbury 公司在美国食品保护会议(National Conference on Food Protection)上正式提出了 HACCP,几年后其被美国食品与药物管理局(FDA)采纳并作为酸性与低酸性罐头食品法规的制度基础。1974 年以后,HACCP 在科技文献中成为一个流行概念。1993 年国际食品法典委员会批准了《HACCP 体系应用准则》,同年欧联盟通过《关于食品生产运用 HACCP 的决议》。1995 年美国将 HACCP 应用到水产品领域,1998 年扩展到肉类禽类食品中,2001 年在果汁产业中实施。2011 年 1 月 4 日,美国总统奥巴马签署《FDA 食品安全现代化法案》,HACCP 体系进一步被完善,该法案是近 70 年来美国对现行主要食品安全法律《联邦食品药品化妆品法》的重大修订,HACCP 体系在美国食品安全管理体系中的地位可见一斑。我国引入 HACCP 的概念始于 1988 年,一开始发展较为缓慢,1996 年后则进入快速发展阶段。2002 年国务院认证委员会通过认证实施 HACCP 规制的意见,HACCP 认证在全国开始展开。

HACCP 现已被世界范围内的食品安全组织广泛认可,美国、欧盟、加拿大等国家和地区已在水产品中强制实施 HACCP,新西兰、澳大利亚、日本、俄罗斯、巴西、丹麦、印尼及其他许多国家和地区也在食品领域大力推行 HACCP。

2. HACCP 的基本原理

目前,世界各国对于 HACCP 的理解与应用还没有形成完全统一的体系,但是对于 HACCP 中七个基本原理却是达成了基本意义上的共识。

原理一:进行危害分析,确定预防措施(HA)。

危害分析一般通过对既往资料分析、现场观测、实验室检测等方法,收集和评估与企业相关的主要记录已知或可预见的危害与原因的资料,进而确定哪些危害因素对食品安全有重要影响,原料、食品特质、加工过程、微生物以及目标消费群体等因素都要纳入确定范围,在危害确认的基础上进行风险评估,最后需要进行相应的预防措施的描述。需分析的危害包括生物性危害、化学性危害和物理性危害,并且需要根据食品危害的严重程度将其分为显著危害与潜在危害。

原理二:确定关键控制点(CCP)。

CCP(关键控制点)指的是能够针对食品生产过程中的危害进行预防、消除或降低到可接受水平的关键步骤、过程或者工序。可以说,CCP 就是 HACCP 体系将要发生过程中的点,通常可使用 CCP 判断树来协助判断某一具体环节是否为 CCP,此外,专业工作人员依照经验进行判定也是生产过程中确定关键控制点的重要手段。

原理三:建立关键限值(CL)。

CL 就是 CCP 点上被用作食品安全保障的参数,对于 CCP 点上的显著危害因素应当设置一个或者数个关键限值,包括化学关键限值、物理关键限值和微生物关键限值。在确立 CL 之后,还要进行加工调整以保证生产状态回归到安全限值内。

原理四:建立监控体系(M)。

该监控体系的任务就是评估某 CCP 点是否在控制轨道中,然后根据监控结果进行管制与调整。通常监控计划需要由 WHFW 系统构成,即 What(任务与对象)、How(方案)、Frequency(频率)以及 Who(人员)。

原理五:确立纠偏行为(CA)。

纠偏即纠正,也就是当 CCP 点的关键控制限值出现异常时所采取的必要措施,包括文件化的纠正措施和非文件化的纠正措施两方面内容。

原理六:建立 HACCP 计划档案及保管制度(R)。

建立完整的文件记录保存系统,记录内容涵盖 HACCP 计划的每个步骤,包括计划准备、危害分析工作单、HACCP 计划表、对 CCP 的监控记录、纠偏措施和验证等。各项记录及相关信息与数据文件等都要进行准确和完整的保存,便于管理者及审核机构通过查阅记录真实地了解 HACCP 的运转情况。

原理七:建立验证程序(V)。

所谓验证,指的是除了监控体系之外的鉴定 HACCP 体系运转是否有效的程序、测试或者审核。建立验证程序主要就是为了确定 HACCP 计划的可信度和准确性,包括四个关键要素,即证据确认、CCP 点验证、HACCP 计划有效运转的验证以及审核机构对 HACCP 体系的验证。

HACCP 原理及循环体系如图 10-2 所示。

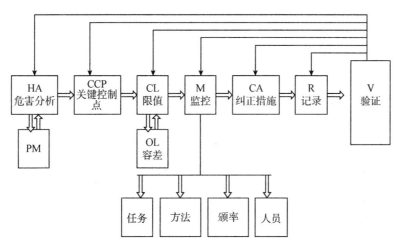

图 10-2　HACCP 原理及循环体系

二、HACCP 在海水养殖中的应用

在海水养殖中实施 HACCP 计划有利于加强对海水养殖产品的质量管理与控制,本节将以××养殖场养殖××海水动植物时实施 HACCP 计划为例,对海水养殖产品实施 HACCP 计划的单独部分进行介绍。

1. 实施 HACCP 的前提要求

实施 HACCP 的前提要求是必须建立海水养殖场的良好操作规范,包括养殖场地的选择和卫生维护、成立 HACCP 工作队伍以及建立海水水质监测系统三个部分。

第一,养殖场地的选择和卫生维护。首先,养殖场地选址应符合 GB18407.4—2001《农产品安全质量 无公害水产品产地环境要求》,远离工业"三废"及农业、生活、医疗废弃物等污染海域,充分考虑养殖方式、养殖品种和采捕等对海区风浪、潮流等周边环境的特殊要求,同时还应考虑海水养殖的污染物是否容易得以妥善处理等因素,保证所选取的养殖海区的安全性和适宜性。其次,养殖场应当具备良好的基础设备及卫生条件,确保饲料、药物的合理并安全地储存,杂物清理必须及时,冷库保持清洁状态,并确保水产品上岸后的每一步操作都在良好的卫生状况条件下进行。

第二,成立 HACCP 工作队伍。HACCP 队伍是专门推进 HACCP 的工作小组,海水养殖场要采用 HACCP 体系必须首先建立这样一支队伍,并且对相关工作人员进行职业培训,或者聘用有工作经验的员工,对于各自的职责也要进行明确规定。当然,相对于水产品加工企业的 HACCP 队伍,海水养殖场的 HACCP 队伍成员结构较为简单,在第三节中针对水产品加工企业 HACCP 队伍的介绍比较详细。

第三,建立海水水质监测系统。根据我国渔业制度相关规定,海水养殖用水应符合 GB11607—1989《渔业水质标准》及 NY5052—2001《无公害食品 海水养殖用水水质》的要求。确保水质安全是海水养殖企业生产高品质水产品的基础和必备条件,与内陆淡水养殖相比,虽然沿海的网箱养殖受化学污染的可能性较小,但如果是在工业废水排放口或船码头附近,或者发生如原油泄漏等海上事故以及赤潮爆发等都会导致水质污染的发生,从而对养殖过程产生不利影响,严重的还可能导致海水养殖生物的大量死亡,因此,加强对海水水质的监控异常重要。

2.海水养殖过程

海水养殖过程主要包括育苗、投喂饲料、施用渔药、成体、捕捞、运输、入库以及销售等。

3.危害分析及控制措施

海水养殖过程中,除水域中存在的其他生物毒素会通过不同方式进入养殖生物体从而对人体健康构成威胁外,还存在人为因素造成的显著性危害,这种人为因素主要来自饲料和渔药。饲料中添加的激素会富集在生物体内,食用后有可能会加速妇女的更年期紊乱以及青少年的性早熟。与饲料中违规添加激素或其他药物造成的威胁相同,违规药物的滥用将造成水生动物耐药性增强,有毒药物残留在成体体内大量积聚将会严重损害消费者身体健康。因此,养殖场必须通过购买使用合格饲料产品并妥善储存以及杜绝滥用渔药来降低这些显著性危害的发生概率。

表 10-1 ××养殖场××产品危害分析

生产步骤	潜在危害	显著性	判断依据	控制措施	是否为CCP
育苗	生物性:寄生虫、病原体	是	养殖生物是某些寄生虫的天然宿主	通过疫病防治予以消除或减少	否
	化学性危害:药物	是	为确保育苗成功及幼苗生长存在使用药物情况	检查用药记录	是
	物理性:无				
投喂饲料	生物性危害:细菌性病原体、寄生虫	否	配合饲料来自评定合格的生产企业并检测合格后出厂,无生物性危害;饲用海捕小杂鱼经认可的方法处理,洁净卫生,未受污染	检查质量合格证书	否
	化学性危害:饲料中的化学添加剂、饲料变质或过期	否	配合饲料来自许可的合格生产企业并检测合格后出厂,无生物性危害;饲用海捕小杂鱼来自评定合格的供应方,不存在化学添加剂	检查质量合格证书;定期检查饲料保质期及是否存在变质现象	是
	物理性危害:金属异物	否	摄食过程可能吞入金属异物于消化系统内,但消费者食用生鱼片,不带来健康危害		否

（续表）

生产步骤	潜在危害	显著性	判断依据	控制措施	是否为CCP
施用渔药	生物性危害:无				
	化学性危害:药物残留	是	使用药物预防或治疗疾病、控制寄生虫或者促进生长	审核养殖用药记录、捕捞前进行药残检测	是
	物理性危害:无				
捕捞	生物性危害:细菌性病原体	否	捕捞过程卫生管理可以避免生物性危害		否
	化学性危害:无				
	物理性危害:金属异物	否	残存于生物体内,对消费者食用造成潜在威胁		否
运输	生物性危害:病原体、寄生虫	否	采用活水船运输,运输条件适合活鱼正常生长需要,运输过程不受病原体、寄生虫污染		否
	化学性危害:饲料中的化学添加剂	否	运输过程使用的饲料经检验确认合格		否
	物理性危害:无				

(续表)

生产步骤	潜在危害	显著性	判断依据	控制措施	是否为CCP
入库	生物性危害:病原体、寄生虫	否	运输设备及过程符合卫生操作标准、冷库环境条件符合储藏标准及卫生要求	微生物检测	否
	化学性危害:无				
	物理性危害:无				
销售	生物性危害:病原体、寄生虫	否	储存环境符合要求,未受病原体、寄生虫污染		否
	化学性危害:添加剂	否	使用适量添加剂		否
	物理性危害:无				

4.确定 CCP

上述水产品危害分析中确定的每一个显著危害都应当有一个或数个关键控制点来进行控制。从表 10-1 分析结果可知,在海水养殖过程中的 CCP 是育苗、投喂饲料和施用渔药环节。

5.关键限值的确定

(1)育苗:确保育苗阶段没有违规使用激素和抗生素等药物。

(2)饲料:对饲料供应商和饲料品种进行严格筛选,应当选择合格的饲料生产供应商,购买质量合格、符合养殖对象最佳生长营养需求的饲料产品。饲料中的原料、添加剂、抗氧化剂、防腐剂、毒素和致病有机体等含量应当符合《饲料和饲料添加剂管理条例》及NY5072—2002《无公害食品 渔用配合饲料安全限量》中的相关要求。

饲料的储藏要严格遵循操作规范,防止其与存放环境中的物质发生化学反应以及微生物降解引起品质下降,及时清理过期及变质饲料,并尽可能减少对养殖环境的影响。

(3)渔药控制:正所谓"是药三分毒",动物养殖与人的生长原理是一样的,所以在必须投放渔药的情况下,应当选择微生物制剂或低毒、高效、低残留的无公害药物。2000 年 9 月 7 日,农业部渔业局下发了农渔养〔2000〕17 号文件,对渔药推荐目录及使用方法作了明确的规定。养殖场在使用药物时,根据 17 号文件所列渔药名录确定关键限值,明确可用药物种类、使用期限及停药期等。有一点需要注意,有机氯等渔药被禁止用于绿色水产品的养殖活动。

6.制订 HACCP 计划表

根据分析,制订××养殖场实施 HACCP 计划表,如表 10-2 所示。

表 10-2 ××养殖场××的 HACCP 计划表

关键控制点	显著危害	关键限值	监控				纠偏行动	记录	验证
			监控什么	怎样监控	监控频率	监控者			
育苗	药物使用	用药符合17号文件规定	用药种类、药量、用药持续期限		每天	养殖人员	停止药物的使用,并采取措施加快生物体内药物释放	药物用途、用药数量、停药期记录	一周内审核监控、纠偏行动记录

（续表）

关键控制点	显著危害	关键限值	监控				纠偏行动	记录	验证
			监控什么	怎样监控	监控频率	监控者			
投喂饲料	饲料质量不合格	不允许存在	饲料质量证书	检查	每批	购货员	拒买	接收记录	一周内审核监控、纠偏行动记录
施用渔药	药物过量及不正确使用及药剂含量超标	用药符合17号文件规定	药物用途、药量、用药持续期限	药物	每次	养殖人员	及时停止，并采取措施加快生物体内药物释放，必要时延长养殖期	养殖用药记录	一周内审核监控、纠偏行动记录

三、HACCP 在水产品加工中的应用

通常情况下，HACCP 系统包含的内容会因企业的组织结构、产品类型、生产规模、设备技术和人员素质等方面的差异而有所不同，但制订实施 HACCP 的步骤和程序都是相通的，所以本节以一般食品生产企业通用的 HACCP 体系作为讨论内容，水产品加工企业的实施步骤与其如出一辙。一般食品生产企业建立一套完整的 HACCP 体系应当包括以下 12 个步骤，其中前 5 个步骤是 HACCP 的预备步骤，属于准备阶段；第 6～9 个步骤是核心步骤，主要是进行危害分析，确定关键控制点和控制办法；第 10～12 个步骤是 HACCP 计划的维护保障措施。

步骤 1：成立 HACCP 计划工作小组。

企业实施 HACCP 的第一个步骤是成立专门的工作小组，并通过文件形式明确成员之间的工作职责及工作内容。HACCP 小

组应当包含以下人员：

(1)企业高层管理者：对企业具体运作情况比较了解，对食品行业发展状况有着较为清晰的认识，主要负责组织、统筹 HACCP 计划的制订及实施。

(2)质量控制专家：熟悉并了解引起食品安全问题的生物、化学或物理原因，具备相对专业的基础理论知识，可以是 QA/QC 管理者、微生物学专家、化学专家或者食品生产卫生控制专家。

(3)食品生产工艺专家：对食品的生产工艺和工序有较为全面的知识及理论基础，了解生产过程容易发生危害的环节及具体解决办法。

(4)产品质量检验专家：参与产品的质量检验及产品质量出现问题后的处理工作；主导接洽国内外相关专业部门对本企业的各项产品质量审核工作；在国内外相关产品生产及质量要求的规范文件、政策发生变动时，第一时间向组长报告并组织 HACCP 工作小组人员进行学习。

(5)食品设备及操作工程师：对所生产食品的生产设备及性能很熟悉，能及时解决生产过程中的各种设备故障，最大限度减少设备操作或故障问题对食品安全生产带来的不利影响。要求有较为丰富的工作经验。

(6)其他人员：如原料生产及病虫防治专家、物流商、商贩、包装与销售专家以及公共卫生管理者等，均可在必要时吸收为小组成员。另外，还应鼓励一线生产操作人员积极参加。

工作小组成员直接参与 HACCP 计划的制订、实施、结果评估及修改、审核等，必须具备过硬的专业及岗位知识；经过严格的培训，在搜集资料、了解、研究和分析国内外先进控制办法的基础上，熟悉 HACCP 的支撑系统；注重各生产环节专家之间以及与其他相关领域专家之间的相互沟通与配合，掌握更全面的食品安全数据资料，从而保证 HACCP 实施的一致性、适宜性、专业性和有效性。

步骤2：描述产品。

该步骤的主要目的是更清楚地认识产品的理化特性和保存方式等,主要是对与产品(包括原料与半成品)有关的安全性内容进行全面描述,主要内容包括:

(1)原辅料。包括商品名称、学名和特点等。

(2)产品成分。如蛋白质、氨基酸、可溶性固形物等。

(3)理化性质。包括水分活度、pH、硬度、流变性等。

(4)产品加工方式。

(5)包装系统。即产品的包装方式,如真空包装的塑料袋、铝罐、镀蜡纸盒、散装和易拉盖塑料箱等。

(6)分销及储运。确定产品是如何分销的,以及分销后如何储藏。例如,冷冻储藏和分销等。

(7)所要求的储存期限。

对产品进行全面的描述非常重要,尤其是在产品成分可能含有过敏原的情况下,会直接对消费者造成安全威胁。

步骤3:确定产品用途及消费对象。

表 10-3　水产品描述表

产品类型	产品来源			产品接收方式			产品储藏方式			产品运输方式			产品包装方式		预期用途		
	来自渔民	来自养殖场	来自加工者	冷藏	冰鲜	冷冻	冷藏	冰鲜	冷冻	冷藏	冰鲜	冷冻	空气包装	去氧/真空包装	生食	加热后食用	即食

确定目标消费群体的主要食用习惯及食用方式。例如,加热

(但未充分煮熟)后食用;食用前需要或不需要蒸煮;生食或轻度蒸煮;食用前充分蒸煮;要进一步加工成"加热后即食"的成品等。

确定产品的预期消费群体。预期的消费群体可能是所有群众,也可能是部分特定群众,如婴幼儿或者孕妇。预期的使用者也可能是高阶段加工者,他们将对产品进行深入加工。

步骤4:编制流程图。

HACCP小组绘制生产工艺中各工序的流程图,流程图没有统一的模式,但应当符合清晰、简明及全面的要求,包括食品生产的每一道工序和所有操作步骤,在制订 HACCP 计划时都可以通过流程图罗列的各项生产步骤进行危害分析,并且要对食品生产各阶段(从原料生产到消费)可能的潜在危害性及其危害程度进行明确。

步骤5:流程图现场验证。

生产流程图绘制完毕后,HACCP 工作小组应现场确认所制定的流程图与实际生产工艺相一致,并准确无误反映操作的所有阶段,必要时应对流程图作适当修改。流程图是风险分析系统执行的路标,因此必须确保其准确无误。

以上五个步骤为 HACCP 计划实施前的预备步骤,必须在应用 HACCP 七项原理之前完成,通过预备步骤既可以描述产品的主要特征,也可帮助不同种类的公司简化其加工操作过程。

步骤6:危害分析及控制措施。

危害分析在 HACCP 体系中扮演着核心角色。HACCP 工作小组结合食品生产的工艺流程图,鉴定并列出各工艺步骤中与企业相关的已知或可预见的危害,评估危害发生的可能性及其危害程度,并提出有针对性的控制措施,形成书面危害分析报告。水产品生产加工过程中的危害既包括生物性、化学性、物理性和放射性危害,也包括天然毒素、农药、药物残留、腐烂、寄生虫、过敏源以及未经批准的食品和色素添加剂,还包括恐怖主义可能引入的危害。例如,即食海产品中病原菌和组胺危害显著,可设定通过采取冷藏运输、加强温度监控、尽量缩短运输时间及在非规定温度下的停留时间等措施进行控制。

危害分析一般包括三个步骤,即确定所有潜在危害、确定哪些危害对企业运作是显著的以及确定每一显著危害的控制措施。若一个危害同时满足"如果缺少控制,将在成品中合理的可能发生"和"该危害有引起消费者疾病的可能性",则此危害便是"显著的"。此步骤通常可通过危害分析工作单体现,详见表10-4。

表 10-4 危害分析工作单

公司名称:			产品描述:		
公司地址:			储藏和销售方法:		
			预期用途和消费者:		
(1)加工步骤	(2)确定本步骤引入、控制或增加的危害	(3)潜在的食品安全显著吗?(是/否)	(4)说明对第三栏的判断依据	(5)应用什么预防措施来阻止、消除或降低这一显著危害?	(6)本步骤是关键控制点吗?(是/否)

步骤7:确定关键控制点(CCP)。

HACCP计划中关键控制点的确定必须满足一定的要求,确定某一步骤是否为CCP点必须对以下三个因素进行分析:①该步骤存在危害最终产品质量安全的可能性;②在该步骤可以通过采取控制措施进行预防、降低或消除危害风险;③在后续的加工步骤里没有控制措施。CCP点的确认必须同时满足上述条件。

HACCP执行人员通常可以采用判断树流程来确定CCP点,也就是通过对工艺流程图中确定的各控制点(加工工序)使用判断树按顺序回答每一问题,按次序进行审定,应当明确的是,一种危害(如微生物)往往可由几个 CCP 来控制,若干种危害也可以由一个 CCP 来控制。

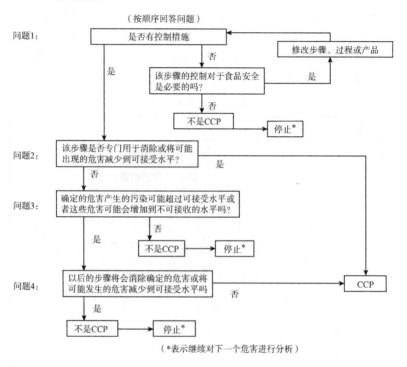

（按顺序回答问题）

（*表示继续对下一个危害进行分析）

图 10-3　判定树确定关键控制点的流程

理论上,通过 CCP 判断树确定关键点是可行的,但是也不能忽略人的因素,技术人员的长期工作经验对确定 CCP 也是非常重要的。

该步骤需要注意的有以下几点:第一,并不是一个 CCP 控制一个危害,有可能需在几个 CCP 连续地实施措施方可对危害进行有效的控制。第二,若无必要,无须重复确定对同一危害产生同样控制效果的 CCP,如某一临近生产终端步骤的 CCP 能够确保消除某危害,在其前面的加工步骤就不应当有针对同一危害的 CCP。第三,不能对控制措施的实行情况进行监控的加工步骤,不论其措施如何有效,都不能将其确定为 CCP。

步骤 8:确定各 CCP 的关键限值(CL)和容差(OL)。

对于每一个在 HACCP 计划表中被确定为显著危害的加工步骤,都必须设定一个关键限值(CL),并设定该步骤相关参数的最大值或最小值。CL 值的设定越严格,不安全食品出现的可能性就越小,反之若 CL 值过于宽松则可能会导致不安全食品出现的可能性增加。CL 值的确定,可以将有关法规、标准、文献、专家建议和实验结果列为参考对象,原则上 CL 值必须可控制且具备直观、快速、准确、方便和可连续监测的特点。

在实际操作中,还涉及容差(OL)的概念,即操作限值,它是以关键限值为基础设定以缓冲设备与检测仪表等存在的正常误差,它比关键限值更加严格,生产过程中操作人员必须将偏差控制在 OL 范围内,以达到杜绝食品安全风险的目的。操作限值应在丰富经验的基础上,结合操作可变性以及典型操作限值与关键限值的接近度来设定。

步骤 9:建立监控制度。

为保证食品生产过程正常运作和各关键控制点控制措施的有效实施,保证 HACCP 计划执行的适宜性、有效性、一致性及可追溯性,必须建立规范的监控制度,并对生产工艺进行实时监控。监控制度应明确针对每个关键控制点和每个关键限值的监控方法、监控频率、监控时间以及监控人员等。

步骤 10:建立纠偏措施。

纠偏措施是预先制定的当监控到个别关键点偏离对应关键限值或更为严格的操作限值时操作人员应采取的纠正偏离的措施,该步骤应包括对关键限值或操作限值失控原因的调查、失控发生时的应对策略(包括失控产品的处理以及生产过程的处理)以及纠偏行动的有效性评估。HACCP 工作小组应据此制定全面、可行的纠偏程序,并形成书面的《纠正措施技术报告》。

在关键限值失控发生后,必须按照相应的纠偏措施,对生产过程进行调整,同时所生产的产品按照不合格品处理,进行封锁并召回,这就要求企业必须建立完善的产品召回体系。

步骤11:建立验证(审核)程序。

验证程序用以确保 HACCP 体系与计划安排相吻合,并可以进行有效的执行和保持,即确保 HACCP 体系工作的适宜性和有效性。验证的内容应包括但不限于以下内容:企业按照要求所采取的预防措施足以控制所识别的危害;按照要求实施监控;对所采取的纠偏行动作出合理的判定;所采取的预防措施显著且有效地将所识别的危害发生概率降至最低或避免发生(包括采取对环境和产品进行检测和其他适宜的方法);采用书面形式定期对计划进行再次分析,确保计划仍然适应食品加工企业的整体运作,包括对新威胁的适应性。验证所应用的 HACCP 操作程序,是否还适合产品,对工艺危害的控制是否正常、充分和有效;验证 HACCP 工作小组所拟定的监控措施和纠偏措施是否仍然适用。验证 HACCP计划每年至少进行一次。

步骤12:建立记录保存和文件归档制度。

有效且准确的记录在 HACCP 计划的制订、执行、修改和评估过程中十分重要。企业必须将记录贯穿生产过程始末,记录的内容需全面准确,主要包括:一是对 HACCP 计划和支持文件的记录,包含企业执行 SSOP 的记录、卫生纠正记录、充分的设备或加工工艺、科学研究和评估结果、危害评估(危害分析工作单)、流程图以及工艺描述等;二是 CCP 监控的记录;三是对纠偏行动进行的记录;四是验证过程记录。此外,涉及进口食品或原料的还应包含进口商的验证审核记录等。

记录文件是 HACCP 体系严格执行的留痕,也是改进 HACCP计划的重要依据,因此在制订 HACCP 计划时,必须就记录的鉴定、保存、保护和挽救等内容以文件形式加以明确,同时保证其容易辨认、获取及复制,通常要求企业的所有者、经营者或负责人必须将记录存档保留至少 2 年。FDA 在水产品企业实施 HACCP 的指南中则对出口美国的水产品企业提出明确要求,即 HACCP 体系中记录的保存时间为冷藏产品一年、冷冻食品两年。

以上即是水产品加工企业实施 HACCP 的主要步骤,在进行完整梳理后,企业最终通过制订 HACCP 计划表将 HACCP 的原理及实施过程进行直观、完整的呈现。计划表应囊括 HACCP 的七项原理:CCP、显著危害内容、预防措施及限值、监控方法内容、纠偏措施、记录与验证程序等,详见表 10-5。

表 10-5　HACCP 计划表

关键控制点	危害	关键限制	监控				纠正措施	记录	验证
			任务	方法	频率	人员			

需要强调的是,HACCP 并非独立存在并发挥作用,完整的 HACCP 体系除了包含在充分了解食品生产工艺流程基础上制订的涵盖七项基本原理的 HACCP 计划表外,还应包括与生产相关的其他程序文件,如良好操作规范(GMP)和卫生标准操作程序(SSOP)等,它们是 HACCP 计划书得以实行的基础和支撑,其中 GMP 是政府强制性的食品生产卫生法规,SSOP 是 GMP 在加工环境和人员卫生控制方面的具体操作程序,有关 GMP 与 SSOP 的内容已在第七章讨论过了,此处不再赘述。

图 10-4　HACCP、GMP 与 SSOP 的关系

四、小结

HACCP 可以实现"从农田到餐桌"全方位的食品安全管理与控制,对消除食源性疾病具有显著效果,从经济学角度讲,它有效降低了由于消费不安全食品造成的经济损失与社会损失,增强了消费者对食品安全的信心,提高了社会整体福利。可以说,HACCP在食品行业领域的应用切实做到了从根本上保证食品安全。HACCP 不是一种选择,而应作为一项强制性制度在各国食品行业中推广实施。

在我国水产品行业中,涉及出口业务的大中型海水养殖产品加工企业实施 HACCP 体系较为普遍,而面向国内市场的小型企业实施率相对偏低,究其原因,主要是原料来源难以追溯、质量安全缺乏保障以及投入产出率低等问题成为这些小企业难以应对的挑战。相较于加工贸易阶段,海水养殖环节 HACCP 的普及率更低,主要原因在于目前我国海产养殖主体中,海水养殖户比例较大,由于养殖户普遍存在生产组织规模小、质量安全意识薄弱、对饲料及渔药使用的认识有限等,这就导致在我国海水养殖产品业全面推广实施从苗种到餐桌的 HACCP 食品安全管理体系面临较大困难。

第二节　推进标准化建设

胡锦涛同志曾经说过:"没有农业标准化,就没有农业现代化,就没有食品安全保障。"1989 年我国就成立了全国水产标准化技术委员会负责水产标准化建设,下设了海水养殖、水产品加工等 7 个分技术委员会,标志着我国水产品标准化建设开启了新的篇章。2010 年 9 月 20 日卫生部颁布了《食品安全国家标准管理办法》,该规范性文件强调了标准制定过程的科学性、公开透明原则、广泛参与的重要性以及重视标准审查工作。2010 年 1 月 20 日,第一届食品安全国家标准审评委员会大会在北京举行,该委员会主要负责评审食品安全国家标准,提出实施食品安全国家标准的建议,以及提供食品安全标准重大问题的咨询服务等,下辖 10 个专业分委员会,包括食品产品、微生物、生产经营规范、营养与特殊膳食食品、检验方法与规程、污染物、食品添加剂、食品相关产品、农药残留和兽药残留委员会。

GB/T20000.1—2002 对标准化的定义是"为了在一定范围内获得最佳秩序,对现实问题或潜在问题制定共同使用和重复使用的条款的活动"。1996 年 ISO 第二号指南对标准化的定义是"针对现实的或潜在的问题,为制定(供有关各方)共同重复使用的规定所进行的活动,其目的是在给定范围内达到最佳有序化程度"。渔业标准化指的就是以渔业科学技术和实践为基础,运用简化、统一、协调和优选的原理,把科研成果和先进技术转化成标准并加以实施,取得良好的经济效益、社会效益和生态效益。推进渔业标准化建设是保障水产品质量安全和消费安全的重要基础,农药残留、兽药残留以及其他有害物质超标是影响水产品安全的重要因素,解决这些问题的关键对策之一就是大力推进渔业标准化建设。除此之外,推进渔业标准化建设还是渔业产业结构战略性调整的迫切需要,是参与国际竞争的客观要求,是渔业产业健康发展的标杆旗帜,是提高消费者生活质量和生活品质的必然选择,也是全面推进渔业产业化发展的重要前提。我国已经形成了以全国水产标准化技术委员会和全国渔船标准化技术委员会为主体,以地方渔业标准化机构为基础的标准化工作队伍,专业合理,分工明确,初步形成了渔业标准化管理体系。

一、产品标准制定和修改的基本原则

水产品标准化建设的重点是水产品相关标准的制定,而且随着社会经济的发展,原有的水产品标准必然会出现滞后性和漏洞,及时的修订和修改必不可少。在制定和修改水产品标准的过程中,必须遵循 6 项基本原则。

第一，政策性原则。政策性原则指的就是水产品标准的制定必须与国家法律法规和政策保持高度一致，对国家法律法规禁止的水产品事项以及国家政策鼓励的水产品事项都要在水产品标准制定中有所体现。比如，对于涉及水产品质量安全的相关指标必须在标准中进行具体规定，需要规定量化指标的要进行量化指标的数据说明。

第二，技术先进性原则。技术先进性原则指的就是水产品标准的制定应当有利于促进水产品养殖、加工、流通等各个环节技术的进步与提高，将前瞻性原则与可行性原则进行有机统一，适当吸收国外先进的水产品标准制定经验，对于暂时我国技术水平难以达到或者不适于我国水产品发展国情的水产品技术标准要做到充分了解、暂不使用、择机选择，避免因好高骛远导致不必要的资源浪费。

第三，经济性原则。经济性原则指的是水产品标准的制定要以经济利益作为重要的评价指标，事实上先进性、环保性和经济性有些时候会存在一定的矛盾点，随着经济发展层次的提高，经济性原则的重要性则在逐步降低，至少经济性原则要与先进性、环保性等因素进行综合权衡。

第四，市场适用性原则。市场适用性原则指的是水产品标准的制定要以满足市场需求、满足消费者需求为目标。一切产品最终的宿命都与市场需求紧密结合，不适应市场需求的产品最终都会被市场淘汰。

第五，系统性原则。系统性原则指的是水产品标准体系是一个统一协调的综合系统，各具体标准是这个综合系统的组成部件，不同级别、不同种类的标准应当合理分工，避免因规定不一致产生混乱。

第六，规范化原则。规范化原则指的是水产品标准是国家颁布的规范性文件，内容与形式都离不开规范化，制定和颁布程序也离不开规范化。

二、推进海水养殖标准化建设

海水养殖业的健康发展需要与之相适应的海水养殖标准,这不但是世界经济一体化背景下打破绿色贸易壁垒的需要,也是保障水产品食品安全的需要。推行海水养殖标准化规范,有利于对海水养殖产品质量安全进行有效的控制和管理,也是海水养殖产品食品安全保障体系的重要组成部分。

1. 完善海水养殖标准体系

我国第一批海水养殖标准制定计划始于 1989 年农业部发布的第 81 号文件,自此我国海水养殖业开启了标准化时代。通常来讲,海水养殖产品质量安全标准体系包括基础标准、产品标准、养殖技术标准、饲料标准、管理标准和检测标准等。以养殖技术标准为例,我国目前有 SC/T2013—2003《浮动式海水网箱养鱼技术规范》和 SC/T2003.2—2000《刺参增养殖技术规范》等。推行海水养殖标准化规范,首要工作就是建立和完善海水养殖产品标准体系,保证海水养殖有一个量化的指标来进行参考,因此制定、修改和完善海水养殖产品质量安全标准体系就具有了重要的意义。一方面,要扩大海水养殖产品质量安全标准的覆盖范围,保证标准的数量和技术内容能够满足渔业发展的需要,做到标准制定零死角,同时对国际标准和发达国家标准制定的先进经验要取其精华。另一方面,也要根据现实经济发展需要对海水养殖产品标准进行修订,需要废止的及时废止,需要修改的及时修改,需要补充的及时补充,在标准制定方面要做到与时俱进。另外,海水养殖产品标准体系应当统一规划、科学制定,避免国家标准、行业标准和省级地方标准出现内容重复,甚至是内容不相符的现象,前者会造成经费和人才资源的严重浪费,后者则会给海水养殖产品标准体系的正常运转增加不稳定因素,给海水养殖户和养殖企业带来标准方面的困惑。需要强调的是,工厂化养殖和离岸养殖等新型海水养殖模式正逐渐增多,我们应当及时总结成熟的生产技术和生产实践经验,学习国外的先进技术,制定技术先进、经济合理以及切实可行的新型海水养殖标准规范或者养殖模式标准,为发展中的海水养殖业注入新的标准。

2. 推进海水养殖标准的实施

第一,树立以推广标准化作为主管部门重点工作内容的意识。第二,要提高海水养殖行业行政主管部门和执法部门相关人员的标准化知识水平,提高标准意识,提升业务水平和业务能力。第三,通过资金支持等激励手段推动各级海水养殖标准化工作的制定和推广,将其纳入渔业主管部门的工作考核范畴内,作为工作重点来实施。第四,组织示范区标准培训,提高海水养殖户和养殖企业标准化养殖的能力和水平。第五,技术监督局等相关部门要对标准化养殖工作的执行情况负责,养殖户和养殖企业也要加强自我监督,同时要重视基层标准化执法监督人员的工作,使得标准化养殖推广工作尽可能落到实处。第六,加强质量安全标准认证工作,我国目前养殖领域有产品认证和体系认证两种认证形式,产品认证包括无公害农产品、绿色食品、有机农产品、中国良好水产养殖规范和水产养殖认证委员会对虾认证等,体系认证包括ISO9000、ISO14000、ISO22000以及HACCP等。加强认证工作,一方面对海水养殖户和养殖企业是一种激励机制,另一方面也是建立海水养殖产品食品安全保障体系的必要选择。

3. 建立标准化海水养殖基地

加强基础设施建设,建设一批标准化海水养殖基地作为示范区,有利于实现综合经济效益和生态效益的有效统一,有利于海水养殖产品质量的保证,也有利于带动海水养殖整个行业的进步。一方面,政府要通过政策、补贴等方式整合分散的养殖资源,形成一个养殖基地示范区,类似于目前全国各地的高科技产业园,政府提供一个平台,剩下的工作也就顺理成章地比较好做了,这样标准化养殖规范的推广便可以起到事半功倍的效果。另一方面,规模比较大的海水养殖企业应当建立自己的标准化海水养殖基地,这既是推动标准化海水养殖规范的需要,也是企业自身发展壮大的必然选择。

4.加大标准化养殖的宣传力度

第一,深入渔区和渔村开展标准化养殖规范宣传活动,将海水养殖相关标准规范印发给海水养殖户和养殖企业,直观地将标准化养殖规范呈现在养殖者面前。第二,组织专家对养殖户和养殖企业进行标准化养殖规范培训,切实提升养殖者标准化养殖能力。第三,利用广播、报纸等媒体手段宣传标准化养殖规范,充分发挥全方位、立体化媒体的传播作用。

三、推进水产品加工标准化建设

我国负责水产品加工标准建设管理工作的主要是全国水产标准化技术委员会水产品加工分技术委员会,该委员会于2013年6月在山东荣成成功召开年会,对2013年和2014年水产品加工标准化建设指明了工作重点。水产品加工标准化是推进海水养殖标准化建设的重要组成部分,我国目前涉及水产品加工的主要标准规范详见表10-6。通常情况下批量生产的水产加工品的种类、规格、成分、技术要求、实验方法与检验规则、安全性、经济性指标以及产品的标识、包装和贮运等都是水产品加工标准的规范对象,另外相关的水产品加工工艺、技术规范、加工术语以及有关人体健康和生态保护方面的规定也需要纳入水产品加工标准的规制范围。

1.水产品原料检验标准化

水产品加工原料在养殖、贮存和运输过程中均有可能受到损害,因此水产品原料的检验在水产品加工阶段起着重要作用,而推进水产品原料检验标准化可以对检验过程进行有效的质量控制。水产品原料的检验方式通常有感官检验、理化检验和微生物检验三种,一般以感官检验为主、理化检验为辅。

感官检验是比较常用的水产品原料检验方法,鲜鱼类的感官检验通常对鱼眼、鱼鳃、体表情况、气味和内脏等进行检查与鉴别,虾类的感官检验通常对头胸节、腹节和体表等进行检查,蟹类通常需要观察腹面脐部色泽、蟹腿与身体连接紧密程度、体表色泽、蟹黄以及蟹腮的状态。

表 10-6 涉及水产品加工的主要标准规范

GB/T27304—2008《食品安全管理体系 水产品加工企业要求》
SC3001—1989《水产及水产加工品分类与名称》
SC/T3009—1999《水产品加工质量管理规范》
SC/T3012—2002《水产品加工术语》
SC/T3014—2002《紫菜加工操作规程》
SC/T3026—2006《冻虾仁加工技术规范》
SC/T3027—2006《冻烤鳗加工技术规范》
GB10132—2005《鱼糜制品卫生标准》
GB10136—2005《腌制生食动物性水产品卫生标准》
GB10138—2005《盐渍鱼卫生标准》
GB10144—2005《动物性水产干制品卫生标准》
GB14939—2005《鱼类罐头卫生标准》
GB19643—2005《藻类制品卫生标准》

理化检验是准确性比较高的检验方法,但是比较复杂繁琐,也会增加检验成本。鱼类新鲜度的理化检验主要有挥发性盐基氮法、三甲胺、组胺、K 值以及 pH 值等方法,贝甲类新鲜度的理化检验以挥发性盐基氮为主。

2. 水产品加工工艺标准化

水产加工品一般包括水产冷冻食品、鱼糜及鱼糜制品、水产腌制品、水产熏制品、水产罐制品、水产发酵制品、水产干制品以及海藻类食品加工,无论哪种水产加工品,采用先进的灭菌技术都是保证水产品质量安全的关键。水产品加工灭菌技术通常包括高压灭菌、辐射灭菌、紫外线灭菌、臭氧除菌以及化学除菌等。

水产冷冻食品可以有效抑制细菌繁殖和酶的活性,通常包括鱼类、虾类和贝类三种。冷冻扇贝柱的加工工艺流程通常包括清洗、开壳剥肉、去除扇贝裙边、消毒、沥水、洗肉、分级、杀菌、洗涤、摆盘、镀冰衣、称量、包装、成品以及冷藏等 15 道工序。冷冻虾肉丸的加工工艺操作要点主要包括擂溃、原料虾的处理、淀粉混合、鱼糜与虾混合、成形与加热、冷却、真空包装、加热杀菌、冷却、速冻、装箱与冷藏。

鱼糜加工工艺流程通常包括原料鱼的处理、水洗、采肉、漂洗、脱水、精滤、混合、成品与冷藏等。鱼糜制品就是以鱼糜为原料,通过添加调味剂等辅助材料进行再加工,从而更能满足运输与消费者需求的凝胶性食品,一般加工工艺流程包括鲜鱼糜处理、斩拌、成型、加热杀菌、冷却和成品 6 个步骤。

水产腌制品的加工工艺包括干腌法、湿腌法、混合腌制法和低温盐渍法。以腌咸黄鱼为例,加工工艺包括选料、清洗、加盐、腌渍、压石以及加工等环节。

水产熏制品的制作方法包括冷熏法、温熏法、热熏法、速熏法、电熏法及液熏法 6 种。以调味烟熏扇贝为例,加工工艺流程包括原料、洗净、蒸煮、脱壳、二次水煮、浸渍调味、沥汁、风干、熏干、罨蒸、真空包装、加热杀菌、冷却以及成品。

水产罐制品加工的主要目的是杀灭密封的罐头食品中的腐败菌和致病菌,加工流程包括水产品灌制品原料验收、原料预加工、装罐、排气、密封、杀菌、冷却以及保温检验。

水产发酵制品以虾酱、蟹酱和虾油为代表。虾酱加工的工艺要点包括原料去杂、洗净、拌盐、恒温发酵、包装、杀菌与检验、浸提、压滤、浓缩、配料与均质、杀菌与灌装、保温贮存与喷雾干燥以及副产品虾渣处理。蟹酱加工技术包括传统发酵法与现代生物技术法,其中传统发酵法蟹酱加工工艺要点包括原料处理、捣碎、腌制发酵和贮藏,现代生物技术法蟹酱加工工艺流程包括原料预处理、捣碎、绞碎、称量、加水、调整 pH 值、升温、加木瓜蛋白酶、恒温水解、升温杀酶、离心、中上层浆液、真空浓缩、添加辅料搅拌、均质、装罐、排气、杀菌、洗净擦干、保温检验、包装以及装箱。虾油的工艺流程一般包括鲜虾、原料清理与洗净、入缸腌渍、加盐开耙、曝晒发酵、提炼煮熟以及包装成品。

水产干制品是用干燥的技术方法去除水产品中含有的水分，从而实现延长保质期的目的。干制方法包括晒干、风干、热风干制、冷风干制、冷冻干制和辐射干制。以鱼肉松为例，其加工工艺流程包括原料处理洗净、蒸煮、捣碎、调味、炒加工、冷却、装袋、灌气封口、保温以及检验。

海藻类加工食品包括紫菜加工、海带加工以及裙带菜加工等。紫菜的加工流程包括原料清洗、切碎、洗净、调和、制饼、脱水、烘干、剥离与包装。海带的加工品种比较多样，以调味海带丝为例，其加工流程包括原料清洗、切丝、蒸煮、干燥、调味浸泡与包装；以调味裙带菜为例，其加工流程包括盐渍裙带菜、漂烫、洗净、沥干、干燥、调味、二次干燥、冷却以及包装。

3. 水产品包装标准化

一般食品包装分为消费包装和运输包装两类，消费包装通常是小包装，是食品销售的标准包装，运输包装主要是为了运输过程中的需要进行的外包装。水产品包装标准化要求水产品加工企业在包装材料、包装方式以及包装的标识等方面进行规范操作。

第一，包装材料。水产品包装材料一般包括纸质包装材料、塑料包装材料、金属材料以及玻璃包装材料。纸质包装材料禁止使用荧光染料，此外甲醛、染色剂以及金属残留都要在选购包装材料时进行严格检测。塑料材质包括热硬化性和热可塑性两种，根据具体材料的不同应当选用相应的添加剂进行加工处理。金属材料一般分为箔和罐两种，对于铅、锡和铝等金属材质的使用必须符合安全标准。玻璃材质主要针对碱、铅、砷等进行检验，玻璃着色常用的金属盐和金属氧化物也要纳入检验范畴。

第二，包装方式。水产品内包装通常采用的方式包括罐装、普通袋装、防潮包装、真空包装、充气包装以及 MAP 和 CAP 包装等。水产罐头是比较常见的水产加工产品形式，加工流程包括装罐、预封、排气、密封以及杀菌等，每个环节都要注意安全卫生控制。普通袋装通常适用于固态形式的水产品。防潮包装通常适用于对水分敏感的水产加工品，一方面是为了防止包装袋里面的水分流失，另一方面也是为了防止外界水分进入包装袋,采取的方式包括防潮包装设计和依靠吸潮剂两种。真空包装主要是为了减少包装袋内的氧气成分从而延长保质期,真空包装设备、包装材料和包装技术对于真空包装的效果都有重要影响。充气包装主要是为了破坏微生物的生存条件从而达到降低微生物活跃性的目的,一般采用以铝箔为基料的复合材料作为包装材料。MAP和CAP也称改善气氛包装和控制气氛包装,也就是通常所谓的气调包装,采用此包装方式的水产品主要是冷冻水产品和生鲜水产品,最大的好处是能够延长水产加工品的货架寿命。外包装主要形式是盒和箱,材质包括纸质和瓦楞纸板,外包装不但要满足运输与储存的需要,更重要的是保障水产加工品的质量不因外包装受到影响。

第三,包装标识。水产品加工企业外包装的正确标识是建立水产品质量追溯体系、实施水产品召回和推进水产品品牌建设的基础。根据GB/T27304—2008《食品安全管理体系　水产品加工企业要求》标准条款6.3的要求,"水产品的外包装应标识清楚。预包装水产品的标签应符合GB7718的要求"。GB7718—2004《预包装食品标签通则》适用于所有提供给消费者的预包装食品标签。当然,标签也必须符合食品卫生要求,不得含有有毒有害物质。

4. 推进水产品物流标准化建设

现代国际物流业是与信息技术、电子商务以及标准化三方面紧密结合在一起的,尤其是伴随着全球经济一体化和物流国际化的发展趋势,物流标准化已经成为我国物流业发展的重要目标,也是物流业发展的必然趋势。物流标准化指的是以物流作为一个大系统,制定并实施系统内部设施、机械设备、专用工具等的技术标准,制定并实施包装、装卸、运输、配送等各类作业标准、管理标准及作为现代物流突出特征的物流信息标准,并形成全国及和国际接轨的标准体系,推动物流业的发展。物流标准化应当包含以下三个方面的含义:一是从物流系统的整体出发,制定其各个子系统的设施、设备、专用工具等技术标准,以及业务工作标准;二是研究各子系统技术标准和业务工作标准的配合性,按配合性要求,统一整个物流系统的标准;三是研究物流系统与相关其他系统的配合性,谋求物流大系统的标准统一。

2003 年我国国家标准化管理委员会批准成立了"全国物流标准化技术委员会"和"全国物流信息管理标准化技术委员会",前者主要负责物流信息以外的物流基础、物流技术、物流管理和物流服务等领域标准化工作,后者主要负责物流信息基础、物流信息系统、物流信息安全、物流信息管理、物流信息应用等领域的标准化工作。目前,我国物流标准化工作从组织管理上、标准制定和企业推广方面都取得了较大的发展。本章节内容以水产品物流基础标准、水产品物流管理标准、水产品物流信息标准、水产品物流技术标准和水产品物流服务标准为分类展开简要论述。

水产品基础标准指的是具有广泛的适用范围、或包含针对所有水产品的通用条款的标准。因此,水产品基础标准既可以在某些情况下直接应用,也可以作为其他标准的依据和基础,包括技术通则类、通用技术语言类、结构要素和互换互连类、参数系列类、环境适应性、可靠性和安全性类以及通用方法类等分类形式。水产品物流通用基础标准主要包括物流术语、物流计量单位、物流基础模数尺寸标准等内容,加强物流通用基础标准建设有利于简化设计、提高工作效率以及保证水产品物流环节质量安全。

水产品物流管理指的是在水产品的生产和流通过程中,根据水产品实体流动的客观规律,以管理理论的基本原理和科学方法为依托,对水产品物流活动进行有效的计划、组织、指挥、协调、控制和监督,以保证各项物流活动实现最佳的协调与配合,以此来降低水产品物流成本、提高水产品物流效率和保障水产品物流安全。水产品物流管理标准包括物流管理基础标准、物流安全标准、物流环保标准、物流统计标准和物流绩效评估标准 5 个部分。

全国物流信息管理标准化技术委员会制定的《物流信息国家标准化体系表》确立了物流信息方面的国家标准体系以及与体系相关的框架、明细表和说明,为我国物流信息标准化建设提供了纲领性的指导。水产品物流信息就是水产品物流系统内部及物流系统与外界相联系的各种信息,是水产品物流活动的反映,也是组织水产品物流活动的依据。水产品物流信息标准化指的是水产品物流信息基础标准、物流信息技术、物流信息管理、物流信息应用和物流信息服务等方面的标准化。现代社会经济发展已经将信息技术和电子商务的标签深深地嵌入了物流业的内部,提升水产品物流企业的信息化与标准化水平有助于提高我国水产品物流行业的整体信息化水平,有助于提高水产品物流行业工作效率,也有利于各种流通数据在供应链上的成员内共享。

物流技术是在物流活动中采用的自然科学与社会科学方面的理论、方法以及硬件设备、装置与工艺的总称,具体分类详见表 10-7。2010 年版的物流技术标准体系表将物流技术标准分为物流设施标准、物流设备标准、物流作业标准和其他标准四大类。水产品的特殊性决定了水产品物流技术标准在水产品物流业中必须占据重要地位,尤其是以水产品运输保鲜技术为代表的冷链物流技术对水产品的质量保障意义重大,推进水产品物流技术标准建设是提高现代水产品物流效率的前提条件,也是降低水产品物流成本的关键因素。

表 10-7　物流技术种类

物流技术	物流硬技术	包装技术	普通包装技术
			防震包装技术
			集合包装技术
			其他包装技术
		运输技术	公路运输技术
			铁路运输技术
			水路运输技术
			航空运输技术
			管道运输技术

（续表）

物流技术	物流硬技术	储存保管技术	无货架仓库技术
			货架仓库技术
			长料仓库技术
			散料仓库技术
		装卸搬运技术	
		物流流通技术	
		物流配送技术	
	物流软技术	物流优化与决策技术	
		物流预测技术	
		物流标准化技术	
		物流技术的经济评价	

　　水产品物流服务标准化指的是以水产品物流为一个大系统，制定并实施系统内部设施、机械设备、专用工具等相关技术标准，制定并实施包装、装卸、运输和配送等各类作业标准、管理标准以及作为现代物流突出特征的物流信息标准，并借此形成全国和与国际接轨的标准体系。

表 10-8　物流服务标准分类

现代物流服务标准体系	服务基础	总体
		分类与编码
		采集
		基础数据
	服务设施	服务平台
		交换与接口
		物流服务流程

（续表）

现代物流服务标准体系	服务管理	测试
		服务资质
		服务质量管理
		服务评价
	服务安全	服务认证
		安全保障

第三节　小结

　　通过以上两节的讨论，我们看到在海水养殖产品的养殖、加工和流通过程中推行 HACCP 体系和标准化体系可以有效提升海水养殖产品的食品质量水平，因此将这两项制度作为海水养殖产品食品安全保障体系的重要环节进行论述是很有必要的。HACCP体系和标准化体系适用于所有的食品生产过程，对于包括海水养殖产品在内的各种食品质量安全保障具有重要的价值。

参考文献

［1］农业部渔业局. 2013 中国渔业年鉴［M］. 北京：中国农业出版社，2013.

［2］叶志华. 首届全球食品安全管理者论坛：交流经验［J］. 农业质量标准，2003(2).

［3］Denouden R J，Zuurbie P. Vertical cooperation in agricultural production marketing chains with special reference to product different in Pork Agribusiness［J］. Supply Chain Management. 1996，12(3).

［4］Antle J M. Choice and Efficiency in Food Safety Policy［M］. Washington DC：The AEI Press，1995.

［5］张小莺，殷文政. 食品安全学［M］. 北京：科学出版社，2012.

［6］常平凡. 食物安全初探［J］. 中国食物与营养，2003，12.

［7］季任天等. 食品安全管理体系实施与认证［M］. 北京：中国计量出版社，2007.

［8］CAC. Recommended International Code of Practice-General Principles of Food Hygiene［S］，CAC/RCP1-1969，Rev. 4-2003.

［9］中华人民共和国国家标准食品工业基本术语 GB 15091-1995.

［10］中国农业科学院研究生院. 水产品质量安全与 HACCP［M］. 北京：中国农业科学技术出版社，2008.

［11］Ouden M D，Dijkhuizen A A，Huirne R，Zuurbier P J P. Vertical Cooperation in Agricultural Production-marketing Chains，with Special Reference to Product Differentiation in pork［J］. Agribusiness，1996，12(3).

［12］王联珠,等.美国出台食品管理新条例,水产品出口企业应积极应对［J］.中国水产,2004(2).

［13］刘文君.日本重视水产品质量安全监管［J］.中国包装,2011(8).

［14］王国华.日本水产品区域品牌建设及经验借鉴［J］.河北渔业,2013(6).

［15］权五乘.韩国经济法［M］.北京:北京大学出版社,2009.

［16］李鸿敏.韩国渔业保险政策对建立我国渔业巨灾保险基金的启示［J］.中国渔业经济,2012(1).

［17］李大海.经济学视角下的中国海水养殖发展研究——实证研究与模型分析［D］.青岛:中国海洋大学,2007.

［18］穆迎春,等.国内外养殖水产品质量安全管理体系建设现状及比较分析［J］.渔业现代化,2010(4).

［19］宋怿,等.我国水产品质量安全监管现状及对策［J］.农产品质量与安全,2010(6).

［20］沈毅.水产品质量安全生产指南［M］.北京:科学技术文献出版社,2008.

［21］吴林海,王建华,朱淀,等.2013中国食品安全发展报告［M］.北京:北京大学出版社,2013.

［22］陈爱平,朱泽闻,王立新,等.2006年中国水样养殖病害监测报告(一)［J］.科学养鱼,2007(7).

［23］王清印.从产量到质量——海水养殖业发展的必然趋势［M］.北京:海洋出版社,2009.

［24］http://baike.baidu.com/link? url＝U1fbfW＿43Ql2vFPDzolHdq5y66sd7Zt7AOnxoQEZe5uAuNHW5AaZIfVe9IeRaFrI.

［25］张妍.食品安全认证［M］.北京:化学工业出版社,2008.

［26］周海霞,韩立民.我国海产品质量安全可追溯体系建设问题研究［J］.中国渔业经济,2013(1).

［27］张成海.食品安全追溯技术与应用［M］.北京:中国标准出版社,2012.

[28] 杨信廷,孙传恒,宋怿,等. 水产品质量安全及溯源系统研究与应用[J]. 中国科技成果,2008(22).

[29] 张珂,张文志. 水产品可追溯系统研究与应用[J]. 中国渔业经济,2009,27(5).

[30] 彭伟志. 中国水产品流通渠道结构特征分析[J]. 中国渔业经济,2006(1).

[31] 黄磊. 水产品质量安全可追溯技术体系在市场准入制度建设中的应用研究[J]. 中国渔业质量与标准,2011,1(2).

[32] 周德庆,等. 水产品质量安全与检验检疫实用技术[M]. 北京:中国计量出版社,2007.

[33] 车文毅,蔡宝亮. 水产品质量检验[M]. 北京:中国计量出版社,2009.

[34] http://www.cnca.gov.cn/cnca/zwxx/bzpj/12/236505.shtml.

[35] http://www.cnca.gov.cn/cnca/zwxx/bzpj/12/236502.shtml.

[36] 刘新山,高媛媛,李响. 论养殖水产品质量安全行政监管问题[J]. 宁波大学学报(人文科学版).2009,22(1).

[37] http://baike.baidu.com/link? url=1S6YrMMMjqVbJJIrmGByDuCmsSMkuvAv3EldMahPTEr-Xd2D5OCJCQyViRHJLf49.

[38] 马克思,恩格斯. 马克思恩格斯全集(第1卷)[M]. 北京:人民出版社,1995.

[39] 陈令军,马山水. 构建基于文化的农产品品牌研究[M]. 北京:经济科学出版社,2010.

[40] 林洪. 水产品安全性(第2版)[M]. 北京:中国轻工业出版社,2010.

[41] 姜万军,喻志军. 中国食品安全风险管理研究[M]. 北京:企业管理出版社,2013.

[42] 季任天,赵素华,王明卓. 食品安全预警系统框架的构建[J]. 中国渔业经济,2008(5),26.

［43］吴林海,黄卫东,等.中国食品安全网络舆情发展报告（2012）
　　　［M］.北京：人民出版社,2013.

［44］杨天和,褚保金.我国食品安全保障体系中的预警技术与危险
　　　性评估技术研究［J］.食品科学,2005(5).

［45］周海霞.中国海产品物流管理体系构建研究［D］.青岛：中国
　　　海洋大学,2013.

［46］蔡华.浅谈突发水产品质量安全应急体系建设［J］.科学养鱼,
　　　2011(5).

［47］骆乐.渔业产业化初探［J］.中国渔业经济研究,1997(6).

［48］纪玉俊.海洋渔业产业化中的产业链稳定机制研究［J］.中国
　　　渔业经济,2011(1).

［49］郁义鸿,管锡展.产业链纵向控制与经济规制［M］.上海：复旦
　　　大学出版社,2006.

［50］邓云锋.中国渔业中介组织研究［D］.青岛：中国海洋大学,
　　　2007.

［51］http://zh. wikipedia. org/wiki/％E4％BA％BA％E6％89％
　　　8D％E5％AD％A6.

［52］周洁红,姜励卿.食品质量安全信息管理：理论与实证［M］.杭
　　　州：浙江大学出版社,2007.

［53］陈良瑾.社会保障教程［M］.北京：知识出版社,1990.

［54］侯文若.社会保障理论与实践［M］.北京：中国劳动出版社,
　　　1991.

［55］郑功成.社会保障概论［M］.上海：复旦大学出版社,2005.

［56］郑功成.社会保障学：理念、制度、实践与思辨［M］.北京：商务
　　　印书馆,2000.

［57］赵明森.关于加快发展现代渔业的几点思考［J］.渔业经济研
　　　究,2006(3).

［58］汪为均.加快推进渔业标准化［J］.渔业致富指南,2007(17).

［59］王玮,张祝利,丁建乐.我国水产标准化体系发展现状及建议
　　　［J］.农产品质量与安全,2010(3).

[60] 张铎. 物流标准化教程[M]. 北京:清华大学出版社,2011.

[61] 孙波. 中国水产品质量安全管理体系研究[D]. 青岛:中国海洋大学,2012.

[62] 凯文·莱恩·凯勒. 战略品牌管理(第2版)[M]. 李乃和,等译. 北京:中国人民大学出版社,2006.

[63] 孙连才. 全能管理词典[M]. 北京:中国经济出版社,2012.

[64] 刘建学,纵伟. 食品保藏原理[M]. 南京:东南大学出版社,2006.

[65] 熊善柏. 水产品保鲜储运与检验[M]. 北京:化学工业出版社,2006.

[66] 国家工商行政管理总局. 流通环节食品安全监管[M]. 北京:中国工商出版社,2012.

[67] 李里特,罗永康. 水产食品安全标准化生产[M]. 北京:中国农业大学出版社,2006.

[68] 熊爱华. 农业集群品牌建设模式研究[M]. 北京:经济科学出版社,2010.

[69] 李聪. 食品安全监测与预警系统[M]. 北京:化学工业出版社,2006.

[70] 国家工商行政管理总局食品流通监督管理司. 流通环节食品安全监管工作指南[M]. 北京:中国工商出版社,2011.

[71] 王玉莲. 中国农产品品牌发展研究[M]. 哈尔滨:黑龙江大学出版社,2010.

[72] 李延云. 农产品加工与食品安全风险防范[M]. 北京:中国农业出版社,2012.

[73] 曲径. 食品安全控制学[M]. 北京:化学工业出版社,2011.

[74] 周才琼. 食品标准与法规[M]. 北京:中国农业大学出版社,2009.

[75] 彭增起,刘承初,邓尚贵. 水产品加工学[M]. 北京:中国轻工业出版社,2010.

[76] 刘梅森,何唯平. 食品安全管理与产品标准化[M]. 北京:科学

出版社,2008.

[77] 余明阳,杨芳平.品牌学教程[M].上海:复旦大学出版社,2005.

[78] 王清印.海水健康养殖与水产品质量安全[M].北京:海洋出版社,2006.

[79] 王清印.多营养层次的海水综合养殖[M].北京:海洋出版社,2011.

[80] 贾云.食品安全与检验[M].北京:中国石化出版社,2009.

[81] 廖卫东,等.食品公共安全规制制度与政策研究[M].北京:经济管理出版社,2011.

[82] 王蕾.食品安全管理体系最新标准应用实例[M].北京:化学工业出版社,2008.

[83] 全国认证认可标准化技术委员会.GB/T27304-2008《食品安全管理体系 水产品加工企业要求》理解与实施[M].北京:中国标准出版社,2009.

[84] 国家质量监督检验检疫总局食品生产监管司.食品安全监管法规文件汇编[M].北京:中国标准出版社,2013.

[85] 权锡鉴,花昭红.海洋渔业产业链构建分析[J].中国海洋大学学报(社会科学版),2013(3).

[86] 权锡鉴,祁勇.论企业可持续发展能力[J].中国海洋大学学报(社会科学版),2006(5).

[87] 亚当·斯密.国富论[M].唐日松,等译.北京:华夏出版社,2004.

[88] 马塞尔·范阿森,赫尔本·范登贝尔赫,保罗·皮埃特斯马.核心管理模型[M].艾米娜,白堃译.北京:中国市场出版社,2012.

[89] 张延飞,颜七笙,丁木华.管理运筹学——模型与方法[M].上海:同济大学出版社,2013.

[90] 樊孝凤.生鲜蔬菜质量安全治理的逆向选择与产品质量声誉模型研究[M].北京:中国农业科学技术出版社,2008.

[91] 陈宗道,刘金福,陈绍军.食品质量管理[M].北京:中国农业大学出版社,2003.

[92] 包大跃.食品企业 HACCP 实施指南[M].北京:化学工业出版社,2007.

[93] 李波.食品安全控制技术[M].北京:中国计量出版社,2007.

[94] 王淼,秦嫚.从渔民经济行为看渔业管理制度安排[J].中国渔业经济,2008,5(26).

[95] 高强,高乐华.海洋生态经济协调发展研究综述[J].海洋环境科学,2012,31(2).

[96] 韩立民,周海霞.基于 AHP 的水产品流通效率研究[J].中国渔业经济,2011,3(29).

[97] 高强,王海雨,赵月皎.基于 DEA 模型的我国淡水养殖生产效率实证研究[J].中国渔业经济,2012,2(30).

[98] 王淼,马立强.基于可持续发展的我国渔业产业链整合初探[J].中国渔业经济,2010,2(28).

[99] 韩立民,张静.山东海洋战略性新兴产业发展现状与模式分析[J].中国渔业经济,2013,3(31).

[100] 高强,王海雨,张亚敏.水产品价格、渔民收入与水产品产量增加的实证研究——基于协整和 VAR 模型的实证分析[J].中共青岛市委党校 青岛行政学院学报,2012(3).

[101] 韩俊江.中国社会保障制度完善研究[D].长春:东北师范大学,2007.

[102] 郭可汾.基于食品安全法的水产品质量安全监管[D].青岛:中国海洋大学,2010.

[103] 肖良.中国农产品质量安全检验检测体系研究[D].北京:中国农业科学院,2007.

[104] 王华书.食品安全的经济分析与管理研究——对农户生产与居民消费的实证研究[D].南京:南京农业大学,2004.

[105] 祁胜媚.农产品质量安全管理体系建设的研究——以扬州市为例[D].扬州:扬州大学,2011.

[106] 吕新业. 我国食物安全及预警研究[D]. 北京:中国农业科学院,2006.

[107] 刘为军. 中国食品安全控制研究[D]. 杨凌:西北农林科技大学,2006.

[108] 张婷婷. 中国食品安全规制改革研究[D]. 沈阳:辽宁大学,2008.

[109] 李想. 食品安全的经济理论研究:基于企业行为的视角[D]. 上海:复旦大学,2012.

[110] 孙志敏. 中国养殖水产品质量安全管理问题研究[D]. 青岛:中国海洋大学,2007.

[111] 邵征翌. 中国水产品质量安全管理战略研究[D]. 青岛:中国海洋大学,2007.

后 记

　　本书是在我的博士学位论文基础上修改而成的,主要的研究结论可以归结为一句话:建立海水养殖产品食品安全保障体系的核心就是建立 CPMC 体系,全称为 Cultivation(养殖)、Process(加工)、Market(市场)与 Complex(综合)体系。该体系实际上就是将第六章养殖阶段海水养殖产品食品安全保障体系、第七章加工阶段海水养殖产品食品安全保障体系、第八章市场阶段海水养殖产品食品安全保障体系与第九章海水养殖产品食品安全综合保障体系进行有效、统一和协调的整合,重点突出第十章 HACCP 体系与标准化体系建设,力求全面覆盖海水养殖产品供应链的所有环节,追求食品安全管理零死角、零漏洞、零容忍和零风险的"四零原则",通过海水养殖产品企业与政府行为动机的博弈分析,进而帮助读者对 CPMC 体系的内容、关键环节和重要性有更为清晰的认识和理解。

　　本书的研究展望主要包括两个方面的内容:一是笔者希望下一步的研究可以将海水养殖产品的具体品种纳入体系研究范畴,针对鱼类、甲壳类、贝类、藻类和其他类(以海参为例)进行有侧重点的理论和实践研究;二是鉴于笔者的能力在有限时间内无法进行更为具体深入的理论阐述,本书内容不可避免地存在浮于表面的问题,因此下一步的研究希望可以针对每一阶段、每一项具体制度进行更为全面、具体和详细的研究,力求使体系更完整、结构更扎实,更为关键的是,能够使得本书对于海水养殖产品食品安全保障管理提供更具现实指导意义的参考。

　　在本书的准备、写作和出版阶段,有幸得到了许多老师与同学的帮助,首先我要感谢我的导师权锡鉴教授,从选题到资料收集,从写作到整体修改,每个细小的环节都为我提供了巨大的帮助,在本书付梓之际,权老师又于百忙之中作序。如果没有权老师的关心与帮助,本书是无法完成的,更加无法出版。同时,食品科学与工程学院的林洪书记在本书的完成过程中给予了我很大的帮助,在此感谢林书记。我的同学董文静、王斌、臧一哲等在收集资料方面也给我提供了无私的帮助,感谢大家。

又是一年春来到,每年的这个季节人们都格外精神,也许是气候的关系,也许是我们自身的原因。驻足校园,望着周围忙忙碌碌的同学,终于意识到我又要毕业了,真是白驹过隙,日月如梭,才见梅开腊底,又感天气回阳。细数起来,我已经经历过大大小小的毕业好多次了,但是每次都有特别的感触,因为每次都有新的环境,新的同学,新的母校,新的老师,当然,还有全新的自己。

攻读博士的这三年期间,我个人也经历了人生中两次重要的升华:为人夫,为人父。女儿的出生给家庭带来了笑声与欢乐,也给我带来了前进的动力,一人变成了两个人,两个人又变成了三个人,人类社会的繁衍与发展真是大自然的奇迹。

想要感谢的人太多,想要感慨的事太繁,千言万语化为一句话:感谢我的母校,感谢我的老师,感谢我的同学,感谢所有的人。

董啸天
2014 年 6 月 22 日